This book is dedicated to James,
who generously gave me my first roasting lesson
and whose coffee set the bar impossibly high.

此书献给詹姆斯，
他慷慨给予我首次咖啡烘焙课程
也将咖啡匠艺的标准设定在了无与伦比的高度

The Professional Barista’s Handbook
An Expert’s Guide to Preparing Espresso, Coffee, and Tea

专业咖啡师手册 2
意式浓缩、咖啡和茶的专业制作指导

[美]
斯科特 · 拉奥
Scott Rao
著

周唯
译

出版社

首先也是最重要的，
我想向简 · 奇默（Jean Zimmer）致以谢意，
感谢你的学识、教导和友谊。
因为你的鼓励和帮助，本书才得以写成。
感谢艾利克斯 · 杜博瓦斯 (Alex Dubois)
在我们照片拍摄环节所给予的时间、精力及耐心。
感谢安迪 · 谢克特 (Andy Schecter)、
乔恩 · 路易斯 (Jon Lewis)、
詹姆斯 · 马考特 (James Marcotte)
和托尼 · 德雷福斯 (Tony Dreyfuss),
感谢你们及你们极具深度和专业的反馈。

目录
CONTENTS

前言
INTRODUCTION

※ 十四年前我初入咖啡行业，当时能找到的所有关于咖啡的书籍都被我读遍。读完后我却深觉，对于如何制作一杯上好的咖啡我依旧知之甚少。我的“咖啡图书馆”里堆陈着各色描述性的理论读本，诸如冲煮和冲调风格、豆种产地、咖啡特调等，甚至还混杂着几本几乎不值一读的科学读物。我想我会毫不犹豫地用这些理论性的书籍来换取一本严谨而实用的操作指南，只为习得如何在咖啡馆里做出一杯好咖啡。

※ 十四年后，我依旧还在寻找这本指南。我知道，这也是许多咖啡专业人士以及为咖啡痴迷的非专业人士的共同所想。现在，我要将此书向他们呈上。

※01 准备就绪 GETTING STARTED

设备

本书会有很多机会来测试和实践制作咖啡的方法。配备如下设备将有助于尽可能掌握最推荐的技术。

- 一款商业的或专业的意式浓缩咖啡机。（为严谨而专业的消费者设计的专业咖啡机）
- 一款商业的或专业的意式浓缩咖啡磨豆机。
- 大小适当的压粉锤，与你的滤杯和粉碗形成良好密封。
- 一个无底的或裸型的手柄。
- 非必要但有帮助的工具：Scace Thermofilter™ 测温手柄、计时器、温度计、电子秤。

标准

何为一“份”意式浓缩咖啡？答案因咖啡师而异，在各个国家不尽相同。在本书中，一份意式浓缩咖啡会以如下的参数来被定义。*

意式浓缩咖啡

水粉比	萃取压力	萃取时间	温度
6.5 ～ 20 克咖啡粉 ¾ ～ 1½ (21 ～ 42 毫升) 水	8 ～ 9 巴	20 ～ 35 秒	185 ～ 204 °F (85 ～ 96 °C)

* 传统的咖啡计量方法是测量容积，但是用质量来测量会更加精准。咖啡油脂层的体量是变化的，这会导致以容积测量的方式有误导性。不同的咖啡油脂层体量，会影响人们对一份咖啡里有多少咖啡浓缩液的判断。（请参考第 3 章中“意式浓缩咖啡的水粉比和标准”。）

※ 这些标准并非铁律，它们仅单纯反应常规的、时下的一些操作系数。请参考附录，获得更全面的关于咖啡、茶、意式浓缩咖啡和水质量的标准参数。

一些基础的术语

萃取本质上是从咖啡粉中提取物质的过程。萃取后的物质分为可溶解物和不可溶解物。

在滴滤咖啡和意式浓缩咖啡中，“可溶解物”是溶解在冲泡液中的颗粒和气体。可溶性颗粒体现味道和烘焙强度，而可溶性气体或挥发性芳香烃体现香气[26]。

在滴滤咖啡中，“不可溶解物”是颗粒和悬浮的油脂。不可溶解的颗粒主要由大的蛋白质分子和咖啡纤维碎片组成。不可溶解的颗粒和油脂结合形成冲煮胶质。它们通过捕获并释放可溶性颗粒和气体[26]，缓冲酸度，贡献出咖啡香气、醇厚度、味道，来呈现咖啡风味的变化。

在意式浓缩咖啡中，“不可溶解物”以悬浮液或乳状液形式存在。悬浮的颗粒主要是咖啡豆细胞壁碎片，它们贡献了咖啡的口感和醇厚度，但是没有风味。乳状液是被液体包围的微小油滴的分散体。这些油脂贡献出了咖啡芳香、醇厚度、口感，同时也因为包裹舌头而起到了降低意式浓缩咖啡*苦感的作用[9]。

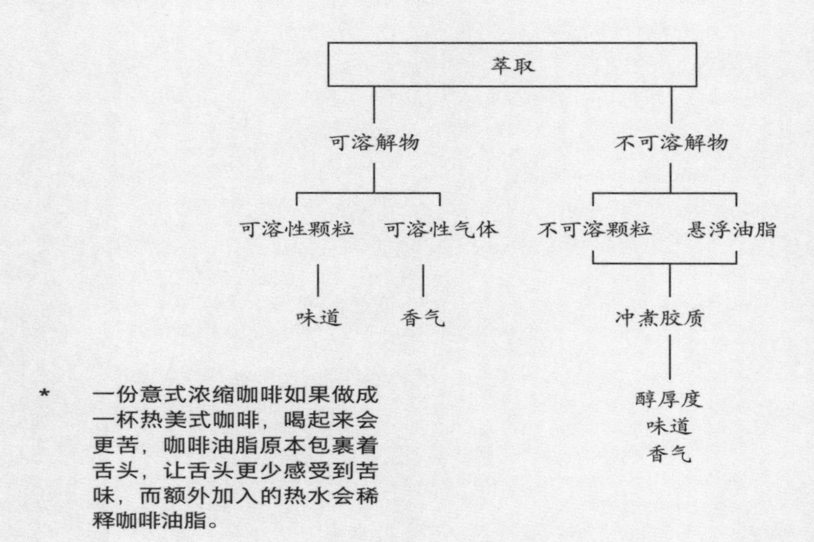

* 一份意式浓缩咖啡如果做成一杯热美式咖啡，喝起来会更苦，咖啡油脂原本包裹着舌头，让舌头更少感受到苦味，而额外加入的热水会稀释咖啡油脂。

※02 意式浓缩咖啡 ESPRESSO

意式浓缩咖啡一般是指小杯的、随单现做的、在咖啡液体上漂浮着咖啡油脂层的浓缩咖啡。咖啡液体和咖啡油脂层都是由乳状液体、悬浮物质和溶液组成的多相体系[9]。

悬浮在咖啡液体上的咖啡油脂层主要是由二氧化碳和水蒸气泡组成的，包裹它们的液态薄膜来自水溶性界面活性剂。咖啡油脂层中还含有悬垂的咖啡豆细胞壁碎片，或是带有“虎纹”或色斑的咖啡细粉，以及含有芳香烃的乳化油脂。[29]

意式浓缩咖啡的液体部分由可溶性颗粒、乳化油脂、悬浮的咖啡细粉和气泡组成[9]。

※ 意式浓缩咖啡的渗滤：初阶介绍
Espresso Percolation: a Primer

以下是意式浓缩咖啡渗滤理论的概览。这一章节并不意在精深，而旨在初讲基本原理。

基础原理

意式浓缩咖啡的制作是一个渗滤过程，由高压热水穿过紧实而细磨的咖啡粉饼来完成此过程。当冲煮热水流经咖啡粉层时，它会冲刷咖啡颗粒表面的固体和油脂，并将固体和油脂沉积在杯子里。

冲煮水流经咖啡粉层的流速，主要取决于几方面因素：咖啡机的压力指数、咖啡粉的质量和咖啡粉研磨的精细度。在一个临界点内，压力值越高，流速越快；一旦超过这个临界点，压力越高，流速反而越慢。咖啡粉的量越大，抑或是咖啡粉的颗粒度越细，对冲煮水的流动阻力就会越大，结果就是水的流速会变得更慢。

冲煮水在流经咖啡粉层的过程中，总是会寻找阻力最小的路径。咖啡师的工作不仅是在填充咖啡粉层时，使其能创造适当的水流阻力，同时关注如何使咖啡粉层在冲煮过程中能保持稳定的水流阻力。一个填压不均匀的咖啡粉层很容易形成水流能高速流过的通道。

咖啡粉层里出现通道，将损害咖啡冲煮的强度和风味。大量的水从通道中流出，稀释了意式浓缩咖啡的浓度，导致通道周围的咖啡粉被过度萃取，增加了咖啡的苦味。而因为较少的水流经咖啡粉层密度较高的区域，这些区域的咖啡粉则面临着萃取不足*的问题，导致咖啡风味欠佳，冲泡强度不足。为了减少通道的出现，咖啡师应该试试这样填压咖啡粉层：首先，力求其表面光滑平整；其次，尽量使其与滤杯内壁紧实密封；最后是确保咖啡粉层的布粉密度均匀。

在使用无底的滤杯手柄时，有时能直接观察到通道效应。当萃取的咖啡液从滤杯的某些区域比其他区域更快流出时，或某些区域的咖啡液更快变黄时，大体上就是出现了局部的通道效应。

咖啡师的角色与职责

在制备一杯意式浓缩咖啡时，咖啡师的基本目标应该是：

- 每一份意式浓缩咖啡粉的克数保持一致。
- 选择能够创造出理想冲煮流速的研磨刻度。
- 填压咖啡粉时确保布粉均匀，以保证粉层各区域较为一致的水流阻力。
- 用足够的力道压粉，以消除咖啡粉饼内部的空隙，并密封咖啡粉饼表面。

* “过度萃取”和“萃取不足”是主观的。虽然我用到了这两个术语，但我并不是想表达咖啡、茶或意式浓缩咖啡有一个全球公认的理想萃取水平。相反，读者应该把过度萃取理解为一种笼统的表达，指萃取量超过了预期量，以至到了出现过量苦味或涩味的程度。而萃取不足则是指萃取量低于预期，通常导致饮品的风味欠佳。

左侧的萃取液由黄变淡，代表着这块区域出现了通道效应。

- 确保冲泡水温度适宜。
- 高效地完成上述任务。

磨豆机的角色和作用

磨豆机是意式浓缩咖啡吧台系统里最重要的设备之一。磨豆机通常被更昂贵、更华丽的意式浓缩咖啡机盖过了风头，而实际上，磨豆机的品质可以说是制备一杯好的意式浓缩咖啡最关键的因素之一。

一台高质量的磨豆机应具备如下条件：

- 研磨出的咖啡颗粒度能提供理想的冲煮水流阻力。
- 能产出颗粒度的双峰分布。（参见本章的“意式浓缩咖啡的研磨”部分。）
- 在研磨过程中产生的热能最小，最低限度影响咖啡粉的温度。
- 研磨过程中细粉的产出量最低。

细粉在意式浓缩咖啡的渗滤过程中扮演着重要的角色；这些将在第 3 章详细讨论。现在重要的是，在渗滤的过程中，咖啡粉饼中的细粉会跟随水抵达和沉积到咖啡粉饼的下方，这一现象被称为细粉迁移。当细粉和体积较大的不溶性蛋白质分子沉积在咖啡粉饼的底部时，它们会结成一个紧密的咖啡层[1]，或形成密实的固体。这些固体或紧密的咖啡层都会堵塞滤杯底部的细孔，并可能阻塞冲煮水流动的路径，导致水流阻力不均匀和通道效应。理想的情况下，有一些细粉是必要的，但太多细粉或太多细粉迁移会破坏意式浓缩咖啡的品质。

意式浓缩咖啡机的角色和功能

意式浓缩咖啡机的主要任务是将水以预设好的模式，通过一定的温度和一定的压力注入到咖啡粉中。这些预先设定的模式被称为温度分布曲线和压力分布曲线。

于一台高品质的意式浓缩咖啡机而言，应该能够做到即使在大批量制作的情况下，依旧保证稳定的温度和压力分布。

意式浓缩咖啡的渗滤过程

① 预浸润。一旦加压泵启动，意式浓缩咖啡制备的第一阶段即开始，这一阶段是短暂的低压的预浸润。（有些机器会跳过这一步，直接进入第二阶段。）在预浸润的过程中，咖啡粉会被缓慢低压流过的水润湿，这一步可以重组咖啡粉内部的结构，确保更均匀的流动阻力。

② 增压。在第二阶段，压力增加，咖啡粉层被压实，冲煮水的流速也加快。没有预浸润阶段的咖啡机在这个阶段开始制备意式浓缩咖啡；此类咖啡机可以做出很棒的浓缩咖啡，但它们是善变的，对于咖啡师的人为失误和不稳定操作也比较不“宽容”。

③ 萃取。在第三阶段，萃取开始，意式浓缩咖啡液从滤杯底部流出。萃取主要是通过冲煮水对咖啡粉颗粒表面的固体进行冲刷或侵入来完成的。

冲刷萃取而出的咖啡萃取液，最初时颜色较深，含有浓缩固体，随着萃取过程的进行，萃取液逐渐变淡，呈黄色。在整个萃取过程中，咖啡粉饼内的固体主要以自上而下的方式逐渐移动；粉饼顶层的咖啡粉颗粒会率先向下移动。当固体颗粒在咖啡粉饼中移动时，一些会在粉饼底部沉淀，一些会沉积在结块的紧密层中，还有一些会被萃取出来，流入杯子中。

冲煮的强度和获量：意式浓缩咖啡

意式浓缩咖啡的冲煮强度取决于咖啡中固体颗粒的含量，按照传统的意大利标准[9]，它的浓度在 20 ~ 60 毫克 / 毫升之间。意式浓缩咖啡的固体含量指的就是在萃取过程中从咖啡粉中带出的固体重量的百分比。一杯意式浓缩咖啡中，固体量约占整体萃取物的 90%[9]。请注意：当讨论意式浓缩咖啡时，会较常提到固体物质浓度和固体含量，而当讨论滴滤咖啡时，比较适合讨论的是可溶性物质浓度和可溶性物质的溶解率，也就是萃取率。

冲煮强度和获量这两个概念之间没有直接关系。例如，使用较高的水温能同时增加冲煮强度和固体量，但使用过量的水来萃取咖啡则降低了冲煮强度，即使增加了固体含量。

※ 意式浓缩咖啡的研磨
Grinding for Espresso

研磨是打破咖啡豆颗粒细胞的过程，目的是增加暴露在萃取液中的咖啡固体的含量。

为何意式浓缩咖啡需要较细的研磨颗粒

高品质的意式浓缩咖啡需要特别精细的研磨，原因有很多。

- 精细研磨后的咖啡粉颗粒具有极高的特定表面积，这是从咖啡粉颗粒表面快速冲刷出大量固体的先决条件。
- 精细研磨能打开更多咖啡粉颗粒中的细胞，进而使更多的大分子可溶性物质和胶体物质能转移到萃取液中。
- 能加速浸湿和扩散。精细研磨的咖啡粉能更好地让冲煮水进入细胞；可溶解物质从细胞扩散出来的路径也更短。[7]
- 较小的咖啡粉颗粒能带来更多的特定表面积，并使小颗粒们更紧密地聚集在一起，以产生必要的水流阻力，使冲煮水通过咖啡粉层时的流速更为合适。

磨豆机的工作表现

在经济条件允许的情况下，我建议投资最好的磨豆机，即使

这意味着你只能买一台相对便宜的意式浓缩咖啡机。一台普通的磨豆机在较强负荷之下，可能会因过热而破坏咖啡豆原有的风味，会因此导致结块，或产生过多细粉，又或是引发布粉不均匀等种种问题，最终造成萃取不均匀。但是，任何咖啡机，无论多么惊艳，（到目前为止）都无法弥补磨粉质量差造成的问题。

磨豆机最重要的一个组件就是锋利的磨刀盘。这一点怎么强调都不为过。锋利的磨刀盘对磨豆机的马达施加的压力较小，[7] 产生的热量较少，制造的细粉较微，并能优化粒径分布 [11]。

如何评估一台磨豆机的优劣？

非商业环境下，一位咖啡师或许很少被要求在一个小时内制备两到三份以上的浓缩咖啡，对于这位咖啡师而言，各种专业级别的磨豆机在性能上的差别微乎其微。同样因为是非商业环境，这位咖啡师也将有大把时间，可以奢侈地使用耗时的方法，如韦斯布粉法，以弥补磨豆机并不精良的出品所带来的问题。（参见本章的“饰粉”部分。）因此，非商业环境下，不论使用何种磨豆机，只要研磨出品质量尚可的咖啡粉，咖啡师都可以制作出优质的、稳定的意式浓缩咖啡。

而相对地，一位在咖啡馆里工作的咖啡师，经常要在短时间

※ 因为定期购买新的磨刀盘是很昂贵的，我建议你找到愿意打磨刀盘的本地机器商或磨豆机制造厂商。磨刀盘在需要更换之前可以打磨一到两次。

内连续快速制备多杯咖啡，在选择磨豆机时需要更加谨慎。一位专业的咖啡师对磨豆机的要求是：能帮助均匀布粉，在高强度使用频率下不会过热。

以下是评估磨豆机的一些重要标准。

尽量减少咖啡粉受热。在研磨过程中，由于摩擦和分子键的断裂，咖啡粉产生某种程度的热量是不可避免的，但我们不希望的是咖啡粉由于接触到过热的磨豆机而额外受热。这种额外受热会破坏咖啡的原有风味，加速香气的流失。它还会导致咖啡油脂渗出到咖啡颗粒表面，形成结块*，从而造成不稳定不均匀的渗滤[9]。结块的咖啡粉不易被浸润，会造成渗滤后的咖啡粉层仍有大面积干燥的咖啡粉未经萃取。

一款设计精良的磨豆机，内部不应该有小而封闭的空间，以避免在高负荷使用时困住热气，积累热量。更锋利的磨刀盘，更低的旋转速度，更大的“可用”磨刀盘表面，都能减轻研磨过程中咖啡粉的额外受热。我提到了“可用”磨刀盘表面，因为于一些磨豆机而言，大部分磨刀盘表面是无用的，如果磨刀盘之间相隔太远，就无法有效粉碎咖啡豆。所以“可用”磨刀盘表面越大，研磨时的散热效果也会越好。

合适的粒径分布。商业意式浓缩咖啡磨豆机的关键设计理念是为产生双峰粒径分布。这意味着最常磨出的咖啡粉粒径会集中在两个特定的值。在双峰粒径分布中，较粗的咖啡粉颗粒用于创造最适当的冲煮水流速，而较细的咖啡粉颗粒则为快速萃取提供了所需的大量特定表面积。[9] 如先前所述，锋

* 我曾经因为使用小的、钝的、扁平的磨刀盘而遇到过这个问题。在检查萃取后的咖啡粉渣时，我发现 20% ~ 25% 的咖啡粉渣仍然是完全干燥的！

利的磨刀盘是优化粒径分布，产生双峰粒径分布的必要条件；钝的磨刀盘只会产出粒径分布较为一致的咖啡粉。

无结块。磨豆机必须能够研磨出不结块的咖啡粉。为了测试你的磨豆机，试磨几份咖啡粉，然后在纸上碾开咖啡粉饼寻找是否有结块。如果有结块，清洗磨刀盘与咖啡粉槽之间的通道，如果磨刀盘磨损，则更换。如果磨豆机仍然产生结块，尝试维斯布粉法。（参见本章的“饰粉”部分。）

咖啡粉研磨后结块是由于在研磨过程中产生了过多的热量，研磨机的设计不良，迫使咖啡粉只能从磨刀盘和咖啡粉槽间狭小的通道相拥而出，散热不良。或由于咖啡豆久置，或咖啡豆深烘处理，咖啡粉颗粒表面出现大量油脂。

利于均匀布粉。许多咖啡师想出了巧妙的方法来改善布粉的均匀程度，而一台好的磨豆机则无须仰赖咖啡师，就能实现均匀布粉。

某些注粉机可以协助均匀布粉，但也不乏一些机器会产出让技术高超的咖啡师也望洋兴叹的糟糕布粉。要实现较理想的布粉，最容易的方式是磨豆机的出粉口垂直（而非斜角）对准滤杯手柄，注入“蓬松”的咖啡粉，或注粉机兼具均匀搅拌咖啡粉的功能。

研磨系统：预研磨和现磨

绝大多数商用磨豆机的设计都是为了满足预研磨咖啡粉，咖啡粉槽内通常装满了研磨好的咖啡粉，咖啡师们只需要拉动一到两次杠杆就可以获得所需的粉量。这个系统非常快速方便，但它有两个明显的缺陷：第一，拉动一次杠杆掉落的咖啡粉的重量会受到注粉槽中咖啡粉量的影响，也就是说，每次掉落的量可能是不同的。第二，咖啡师无法预知顾客何时会进店点单，这意味着注粉槽中的咖啡粉自研磨完毕到被采用之间所花费的时间会有所不同，咖啡粉的脱气情况也难以预估。

脱气是指咖啡豆在烘焙过程中逐渐释放出的各种气体，主要是二氧化碳和一些挥发性芳香烃。* 咖啡豆一旦研磨成粉，脱气速度会显著加快。

咖啡粉中二氧化碳的含量很重要，因为它会影响渗滤时的流速。当咖啡粉接触到热水时，会释放出大量的二氧化碳，** 从而推开包围着咖啡粉的冲煮水和液体，增加水流阻力，减慢流速。

预研磨的做法会导致流速的不稳定，因为制作同一杯咖啡所用的咖啡粉中含有的二氧化碳含量不尽相同。不稳定的流速反过来又会使咖啡的风味、醇厚度和冲煮强度产生各种不可控的变化。

可以想象，现磨的咖啡粉优于预研磨的。每一杯现磨咖啡都

* 1 克新鲜烘焙的阿拉比卡咖啡豆含有 2 ~ 10 毫克二氧化碳，大多数报告显示二氧化碳含量都在这个范围的低端。还是整豆时，大量的二氧化碳需要数周的时间才能释放出来；而研磨成咖啡粉形态后，脱气会倍速加快。一项研究表明，新鲜烘焙的咖啡豆中 45% 的二氧化碳会在研磨后的前五分钟内被释放完。以一杯典型的意式浓缩咖啡为例，其咖啡粉的研磨会更精细，所以意式浓缩咖啡粉中的二氧化碳会更快地被释放完。

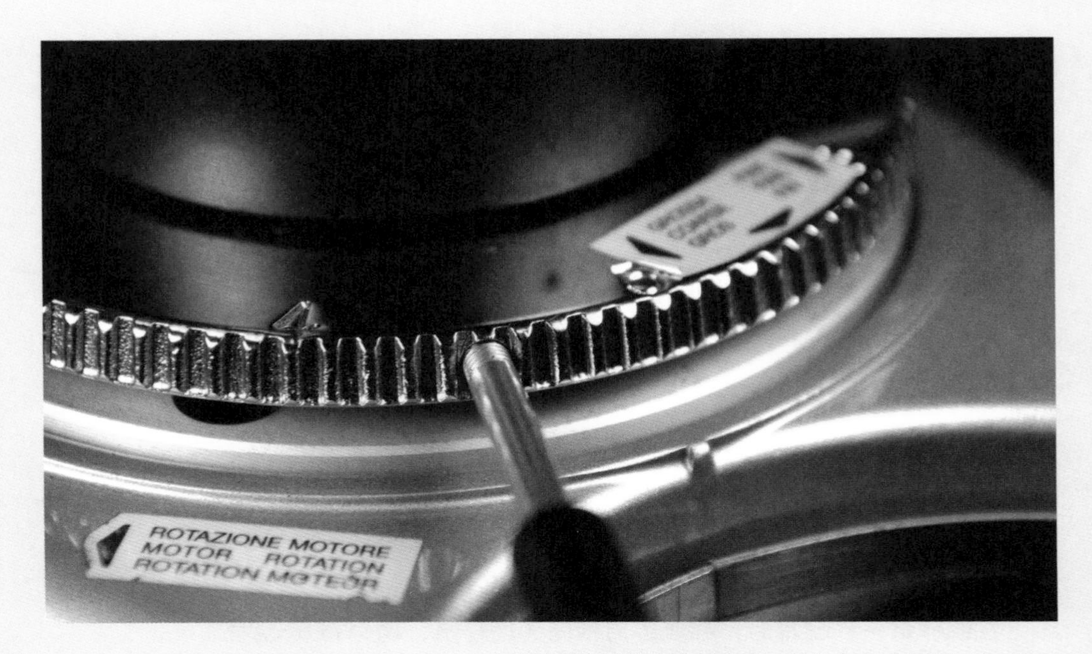

咖啡师在调整研磨刻度时，较少会一次调整超过一格。

** 在意式浓缩咖啡冲煮温度下，二氧化碳在高压下更易溶于水。在意式浓缩咖啡的渗滤过程中，咖啡粉饼顶部的压力最高（一般为 9 个大气压），相对地，咖啡粉饼底部的压力（大气压）最低。当冲煮水在咖啡粉层内逐渐下沉时，它遇到的压力逐渐降低；因此，脱气主要发生在靠近底部的咖啡粉层中。在低压预浸润过程中，整个咖啡粉层也会出现大量脱气的现象。

能保留更多的芳香，并确保更稳定的流速，因为所用的咖啡粉含有更为相近的二氧化碳含量。现磨咖啡唯一的缺点是，制作每一杯咖啡，都需要更多的时间和精力。

调整研磨刻度

在常规的制作过程中，研磨和粉量是导致多杯咖啡之间流速不一致的主要变量。只稍改变 1 克的粉量，相同杯量咖啡的流速会产生数秒的差异。因此，如果只是 1 杯意式浓缩咖啡的流速不佳，且粉量可能与之前几杯咖啡不同，咖啡师不应该因此就调整研磨刻度。相反，如果连续几杯意式浓缩咖啡的流速都出现了趋快或趋慢的现象，咖啡师可以确信研磨刻度需要调整了。

为了确保注粉量一致，咖啡师应该做到如下三点：

① 在制作每一杯咖啡时，都要练习相同的注粉量、均匀布粉和细致饰粉技巧。

② 不断练习，直到能够持续创作出一个质量差小于 0.5 克的咖啡粉层。

③ 在繁忙的时段，通过称重注粉量来测试一致性。

调整研磨刻度时，最好是小幅微调。如果你所用的磨豆机在磨刀盘和注粉槽之间有一个小通道，先调试或弃用前 5 克左右的研磨粉，再对新的研磨设置进行评估或进行咖啡品鉴。这会帮助消除“旧的”咖啡粉因为卡在通道中或散布在注粉槽四周产生的不良影响。

※ 注粉与布粉
Dosing and Distribution

与许多咖啡专业人士不同，我认为注粉和布粉是密不可分、一气呵成的，因为大部分咖啡粉饼的布粉是在注粉的过程中逐渐确定下来的。咖啡师在注粉和布粉时的目标应该是为每一杯意式浓缩咖啡提供质量相同，体积和密度均匀分布的咖啡粉饼。注粉量的大小变化会导致流速不一致，布粉不均匀会导致萃取不均匀。如果要为咖啡师挑选一个最重要的技能，那么我想就是稳定注粉，均匀布粉，持续制作一致性高的咖啡粉饼的能力。一旦注粉开始，布粉也就开始了，所以注粉时仔细瞄准尤为关键。

如何注粉

如下为一系列注粉步骤的示例：

① 取下意式浓缩咖啡机的滤杯手柄。

② 敲掉残余的咖啡粉渣。

③ 用干抹布擦拭滤杯内圈；滤杯内部如果留有水分会使得咖啡粉饼边缘出现通道效应。

④ 确保滤杯内所有的小孔都是清理干净的。

⑤ 启动磨豆机。如果磨豆机启动速度较慢，可以在第一步时就启动。

⑥ 反复拉动注粉把手，同时旋转滤杯手柄，使咖啡粉尽可能均匀地掉落到滤杯内。如果咖啡粉集中掉落在一个区域，即使修饰咖啡粉饼之后，那个区域的咖啡粉也会更紧实密集一些。

⑦ 当所需的咖啡粉量研磨完成后，关闭磨豆机。

⑧ 当滤杯获得了足够的咖啡粉时，停止注粉。滤杯中的咖啡粉量可以完全等于萃取粉量，也可以略多一些，在之后的饰粉过程中去掉多余的粉量。无论你选择的注粉量是多少，重要的是每杯咖啡的注粉量要保持一致。

注粉量的变化

不管你选择用哪种注粉方法，每次拉动把手注入少量咖啡粉，比每次拉动把手注入大量的咖啡粉更容易实现均匀的布粉。如下几种常见的注粉方法对于繁忙的咖啡馆行之有效。

① 区块法。把咖啡粉饼想象成切成几个扇形的饼。注粉时，将每块扇形饼填满，旋转滤杯手柄并填充相邻的下一个区块，旋转并再次填充，以此类推，直至填满。

② 分层法。注入少量的咖啡粉，同时不断晃动滤杯，从而形成一层浅的、均匀的咖啡粉层。重复这一过程，在第一层的上面叠加第二层。继续堆叠，直到所有咖啡粉注粉完毕。

不断地来回晃动滤杯把手以创建咖啡粉层。一定要让咖啡粉始终对准粉层表面的最低点开始掉落。

⑤ ⑥

⑦ ⑧

※ 饰粉
Grooming

注粉后，压粉前，咖啡师应该完成饰粉步骤。饰粉，顾名思义，是对咖啡粉饼的修饰，是对分布在咖啡粉饼的上层的咖啡粉进行重新布粉（或者按照韦斯布粉法，是对整个咖啡粉饼的再布粉），旨在去除多余的咖啡粉（如果咖啡师认为注粉太多），以磨平修整咖啡粉饼的表面。

饰粉方法

现今常用的几种饰粉方法各有其优势与劣势。

① NSEW 四方法。(四方分别指北、南、东、西四个方向)(不要与同名的填压方法混淆。) 四方法易学易懂又易上手，尤其适用于繁忙的咖啡馆。
用你的手指或用一个边缘笔直的工具，把堆积的咖啡粉推向滤杯距离你最远的边缘(即“北方”)，但先不要把额外的咖啡粉推出滤杯外。接着把咖啡粉推向滤杯距离你最近的边缘(“南方”)，然后推向右边，继续推向左边。最后，把多余的咖啡粉推出滤杯边缘。如此之后，咖啡粉饼的表面应该看起来是平整的，没有明显的凹凸不平。使用 NSEW 四方法，关键是在每次推粉之前，滤杯中“多余”的咖啡粉量要保持一致，它们的量对饰粉后咖啡粉饼的密度有很大影响。饰粉完成之后最终的结果可能看

①　②　③　④

NSEW 四方法
首先把咖啡粉推向滤杯距离你较远的边缘（北），接着朝着滤杯把手方向推回咖啡粉（南），然后向右推（东），继续向左推（西），在压粉之前把多余的咖啡粉推出滤杯边缘。

起来是一样的，但是如果在饰粉前有较多咖啡粉堆积在滤杯上，那么饰粉后这个咖啡粉饼的密度会比较高。

② 斯托克弗里斯转动法。这个方法也许是最难掌握的饰粉技巧，但一旦掌握了窍门，你就会发现它的高效和实用。首先在滤杯中稍稍过量注粉。握住滤杯手柄，放置在身体前方，双肘朝外。把伸直的手指，或拇指和食指之间

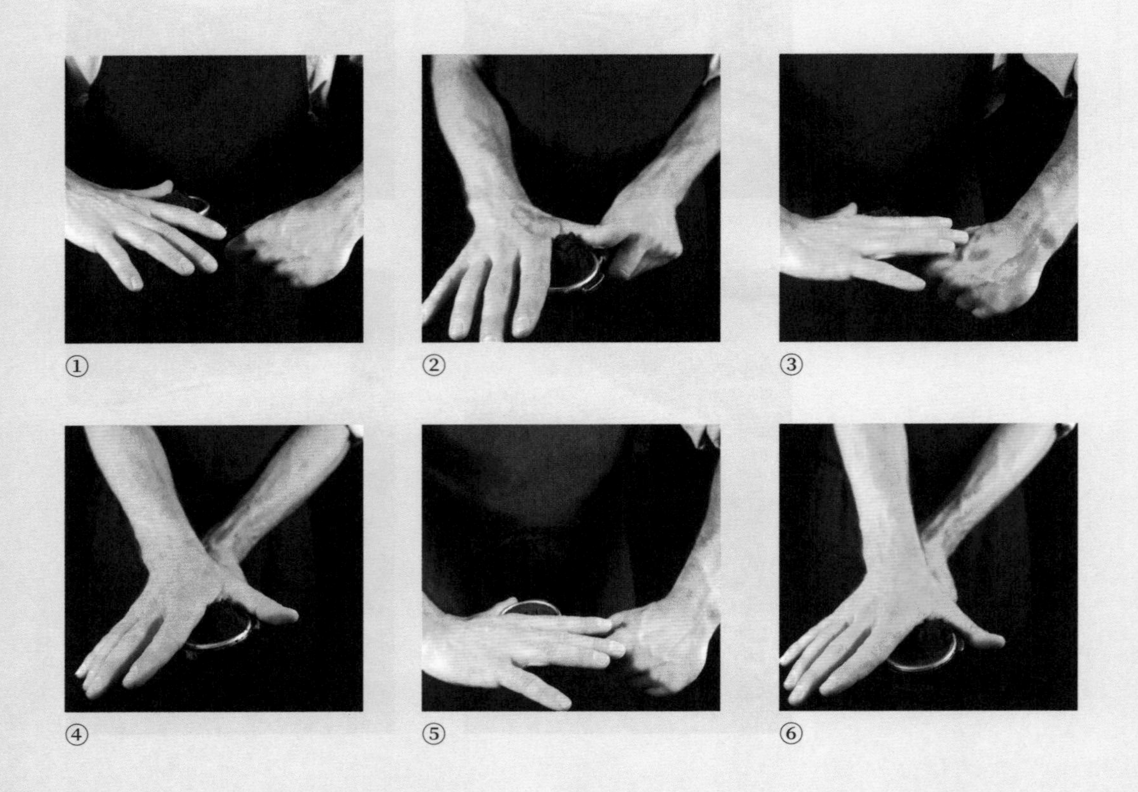

① ② ③ ④ ⑤ ⑥

斯托克弗里斯转动法
①—⑥
开始时手肘向外，收回手肘的同时咖啡粉会在滤杯中心旋转。
重复这个动作两到三次。

的虎口，轻轻地放在咖啡粉上。两个肘部向身体侧靠近，向内收肘，使滤杯在虎口内向中心方向旋转。此时咖啡粉应该沿着滤杯的中心区域旋转。重复几次这个动作，直到所有区域都被均匀填满并压实。你可以再快速使用 NSEW 四方法来磨平咖啡粉饼的表面，然后把任何多余的咖啡粉推出滤杯边缘。

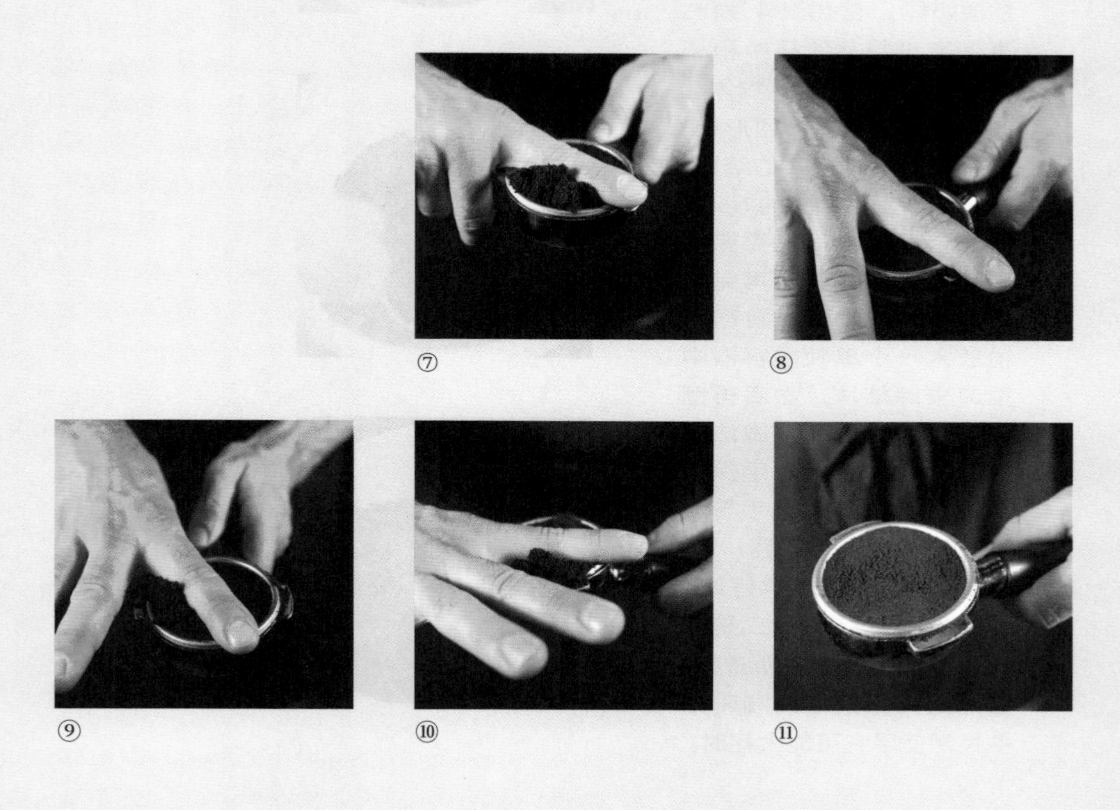

⑦ ⑧ ⑨ ⑩ ⑪

⑦—⑪
在推除多余的咖啡粉之前，再使用一次 NSEW 四方法来平滑咖啡粉饼表面。

③ 韦斯布粉法(WDT)。由约翰·韦斯(John Weiss)发明，一种处理结块的咖啡粉或布粉不均的巧妙方法。要实践韦斯布粉法，首先在滤杯上方放一个漏斗(约翰建议使用一个去底的、小的酸奶杯)，经由漏斗注粉，直到咖啡粉从滤杯中稍稍溢出。用细长的尖头物体，如解剖针或拉直的回形针，充分搅开咖啡粉中的结块。移开漏斗，用快速的NSEW四方法滑动或斯托克弗里斯转动法来饰粉，再完成压粉。或者，可以将咖啡粉放入一个单独的容器中搅匀去除结块，然后再倒入滤杯中。后一种做法的优点是允许滤杯把手保持高温，因为滤杯把手与冲煮头分离的时间更短。

韦斯法有两个独特的好处：一是能去除结块，二是能为整个咖啡粉饼重新布粉。缺点是，在繁忙的咖啡馆中经常使用它可能太耗时。

① ② ③

韦斯布粉法
啊！好多结块。
用拉直的回形针大力搅动咖啡粉，搅碎结块使其蓬松。

修饰浅量注粉

以上所有的饰粉方法都基于咖啡粉量足够多到填满滤杯。如果注粉量相对较小，则不能用手指或直刃工具来饰粉。如果要修饰浅量的注粉，咖啡师有两种选择：用圆形的工具来饰粉，或者改用小号的滤杯*。

浅量的注粉可以用圆形的、凸形的工具进行修整，如磨豆机注粉槽的盖子，或斯科蒂·卡拉汉（Scottie Callaghan）的注粉工具。这类注粉工具有一系列多达 40 种不同的弯曲度。这些工具让咖啡师能基于同一尺寸的滤杯，修饰更多不同程度注粉量的咖啡粉饼。

修饰浅量注粉
使用弧面的工具来修饰浅量注粉。
工具的曲面和弧度越大，越能修饰少注粉量的咖啡粉饼。

* 咖啡粉饼的表面是凹的，用凸面工具饰粉。在压粉后，这样的咖啡粉饼其周边比其中心密度更大。这种不均匀的密度并不理想。然而，由于通道效应最常形成在咖啡粉饼的周边区域，这样的不均匀却反而消除了最常见的通道效应。用凸面工具修饰的咖啡粉饼通常能制作虽不完美但是较好的萃取曲线，很少会形成大型的通道。

※ 压粉
Tamping

压粉步骤起到了很大作用，固定布粉、“抛光”咖啡粉饼表面、消除咖啡粉饼内的较大空隙。压粉动作同时也给了咖啡师一个机会，感知注粉质量、布粉和研磨的状态。

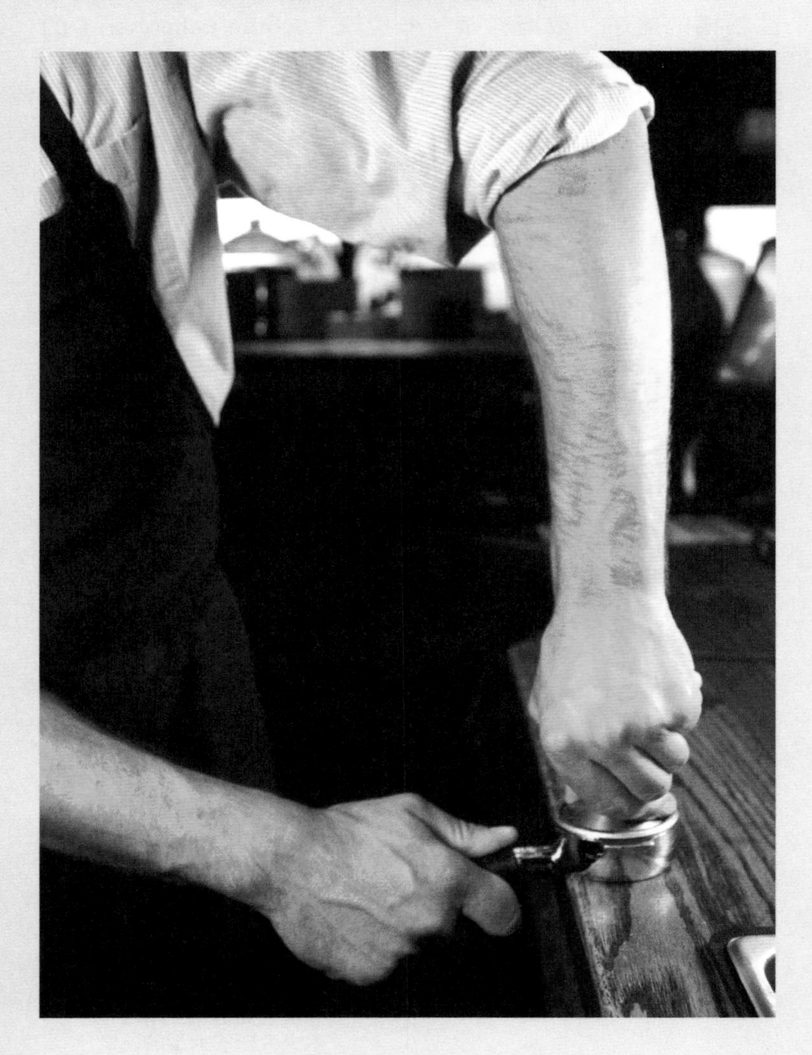

压粉的力度

与普遍的认知相反，填压用力较轻或较重对于水流阻力并不会产生太大的差异[9]。一旦咖啡粉饼经过了一定压力的压粉，粉饼中的空隙被消除，额外的压粉压力并不会对萃取质量或者流速产生额外的影响。* 有两项事实可以解释这一点。

① 当咖啡颗粒浸湿后，填压产生的部分或全部压力立即得到释放。

② 咖啡师在填压时施加的 50 磅左右的力与咖啡机的泵在萃取过程中施加的 500 磅以上的力相比，相形见绌。**

过重的压粉似乎没有任何好处，但至少有两个原因让我们应该轻柔填压：它对咖啡师的手腕和肩膀造成的压力较小，它使咖啡师更容易实现完美的水平压粉。(很显而易见的是，压粉器和滤杯的设计是严丝合缝的。如果压粉用力过猛，两者反而会经常因为填压器表面不平而卡住。)

敲还是不敲？

最近有一项关于压粉方面的辩论，是关于是否要在几次压粉之间敲打滤杯把手的侧边。支持轻敲方的理由是，它可以使第一次填压时留在滤杯壁上的松散的咖啡粉落下，然后在第二次压粉时，这些咖啡粉就可以被压紧在咖啡粉饼中。

咖啡粉饼上留有零星咖啡粉所产生的麻烦，对比敲击可能带来的其他潜在风险，我认为似乎不值得多此一举。敲击会破坏咖啡粉饼与滤杯内壁的密封性，轻易地在咖啡粉饼

* 许多咖啡师高估了更大力压粉对流速的影响，其中很有趣的一个原因是，对于固定的滤杯尺寸和注粉量，更大力地压粉会使咖啡粉饼更密实，导致咖啡粉和滤网之间的“顶部空间”变多。由于整个顶空必须充满水，水才会在全压下渗透咖啡粉，增加的顶空延长了泵启动到萃取液从滤杯流出的时间。而延时现象可能导致咖啡师误判了较大力的压粉会在某种程度上减缓咖啡流速。

** 9 巴压力 ≈130.5 磅 / 平方英寸；58 毫米滤杯里的咖啡表面积为 4.09 平方英寸；130.5 磅 ×4.09 平方英寸 = 533.7 磅。（此处计算为了佐证咖啡机的泵在萃取过程中施加的压力远大于咖啡师手动压粉施加的压力。）

边缘处制造出一条渗滤的通道。就我个人的经验而言，破坏密封性是非常棘手的问题，也几乎不可能通过第二次填压来解决。当然敲击也可能不会破坏密封性，但这么做的好处远不足以冒这个险。重点是：有一点松散的咖啡粉是小问题，甚至不是问题（个人意见），而打破了咖啡粉饼与滤杯内壁的密封性则是一个大问题。

一位我很欣赏的咖啡师，她用手腕轻敲（这一动作类似于用防震橡胶锤），以减少咖啡粉饼受到的震动。如果你一定要轻敲，这个方法似乎比用填压器的硬手柄轻敲更安全。

如何压粉

将填压器轻松地握在手中，手心抵住压粉器手柄，就像它是前臂的延伸一样。你的手腕应该是松弛的，压粉器的手柄应该在你的手掌中舒适而稳固。这个姿势可以减少对手腕的压力，这对于每周要按压成百上千次的咖啡师来说是至关重要的。

保持压粉器表面处于水平位置，轻轻在咖啡粉上向下挤压。就是这样。不需要扭转或第二次填压。

移开压粉器后，也许会有一些零星的咖啡粉留在滤杯内壁或咖啡粉饼上，可以快速地上下颠倒滤杯把手来去除这些咖啡粉；也可以擦拭滤杯的边缘；最后，把滤杯把手轻轻地锁回意式浓缩咖啡机上，避免晃动破坏咖啡粉饼和滤杯之间的密封性。

上述的一系列步骤，既要轻柔，也要快速，尽量减少滤杯把手离开冲煮头期间损失过多热量。

压粉器

压粉器与滤杯应该舒适贴合。如果压粉器的尺寸太小，咖啡粉饼的边缘将无法与滤杯贴合密封，那么有大几率会产生边缘通道效应。压粉器的理想尺寸是如果它稍微有一点歪，就会卡在滤杯里。我曾经为我的滤杯定制过无数个压粉器，到目前为止，我找到的滤杯和填压器之间理想间隙是 5/1000 英寸，即两者的直径差异在 10/1000 英寸 (25 毫米)。较大的间隙将在制备多杯咖啡时导致通道效应出现的频率变高。

很多地方机械商店或压粉器制造商也许愿意定制压粉器。

※ 大多数商用压粉器都是精密加工的，滤杯手柄的尺寸却不统一；最近我从一个供货商那里采购了一批三头滤杯，它们的直径变化在 75/1000 英寸的范围内，就是 2 毫米之大！我发现比较容易找到尺寸一致的双头滤杯和设计贴合这些滤杯的填压器；而在三头滤杯方面我就没有那么幸运了。

对于三头滤杯，我的策略是先订购成打的滤杯，一个一个测量，以 1/1000 英寸为标准测量滤杯的直径，然后退回直径特别大或特别小的滤杯。通常，大多数滤杯直径差异在 2/1000 英寸到 3/1000 英寸的范围内时，我会保留这些滤杯。然后基于最小滤杯的直径，将压粉器的直径加工为小于滤杯 10/1000 英寸的。

请注意：58 毫米压粉器是为单头滤杯和双头滤杯所设计的，并不适用于所有滤杯，更不一定适用于三头滤杯。

将压粉器舒适地握在掌心，压粉器手柄的轴与前臂的对齐，仿佛是手臂的延伸。

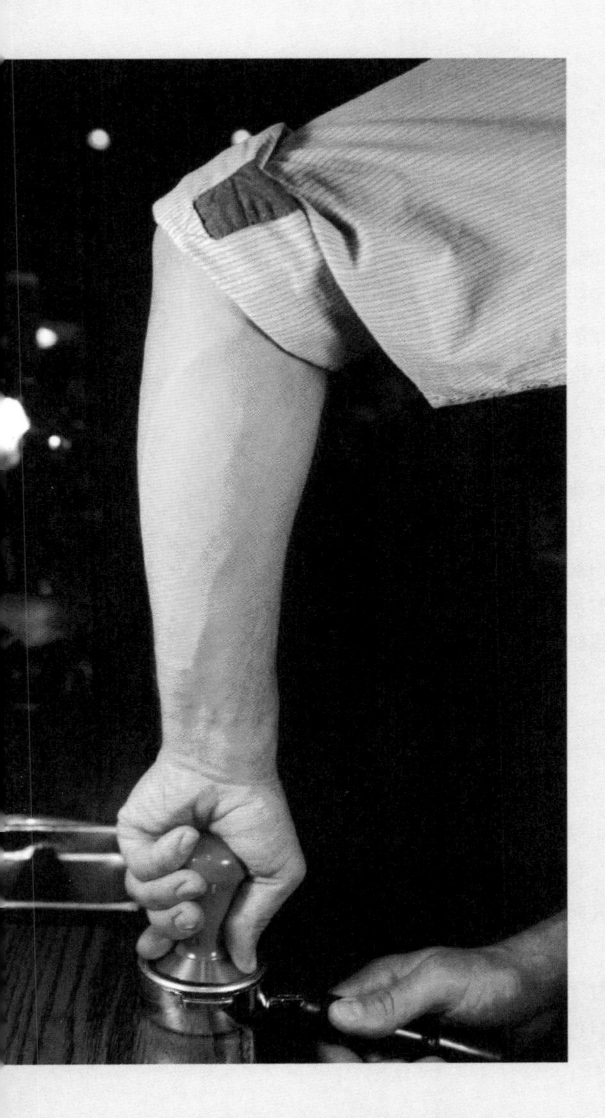

轻轻压粉，保持手腕的松弛，最小化对手腕的负荷。

完成压粉后的咖啡粉饼表面是光滑平整的。

※ 水温
Water Temperature

冲煮水的温度非常重要，因为它影响着咖啡风味、冲泡强度和流速。“理想”的冲煮温度是由许多变量共同决定的，包括所使用的咖啡品种、萃取的流速，最重要的是，你的口味。公平地说，几乎所有的专业人士都倾向于185 ～ 204°F(85 ～ 96°C) 的水温范围。

关于冲煮温度和意式浓缩咖啡品质之间的关系，有一些已经确定的事实佐证。

- 过低的水温会做出偏酸的、萃取不足的意式浓缩咖啡。
- 过高的温度会做出偏苦的、辛辣的和木质调的风味。
- 较高的水温能带出更多固体物质以制造咖啡的醇厚感。
- 较高的水温会减缓流速。

管理冲煮温度

在萃取一份咖啡之前，咖啡师应该清除或冲洗残留在滤网上的咖啡颗粒，同时控制冲煮温度。冲洗时，可以移开滤杯把手，也可以把空的滤杯把手扣在冲煮头上进行。

有些冲洗是用来冷却冲煮头的，有些则是为了预热冲煮头的供水管道，还有一些是为了清除热交换器中过热的水。每台

[右页图] 移开滤杯手柄的冲洗。也可以把空的滤杯手柄扣在冲煮头上进行冲洗，这样还能预热滤杯手柄。

机器都是不同的，需要根据机器的设计、所需的冲煮温度、压力器设置和其他因素来定制冲洗流程。

多锅炉咖啡机的温度管理

多锅炉咖啡机通常有一个专用于制造蒸汽的锅炉，一个或多个负责冲煮水的自动调节温度的锅炉。如果这款多锅炉咖啡机设计精良，并有一个比例积分微分控制器（简称 PID），那么可以确保制作的每一杯咖啡温度都是一致的。

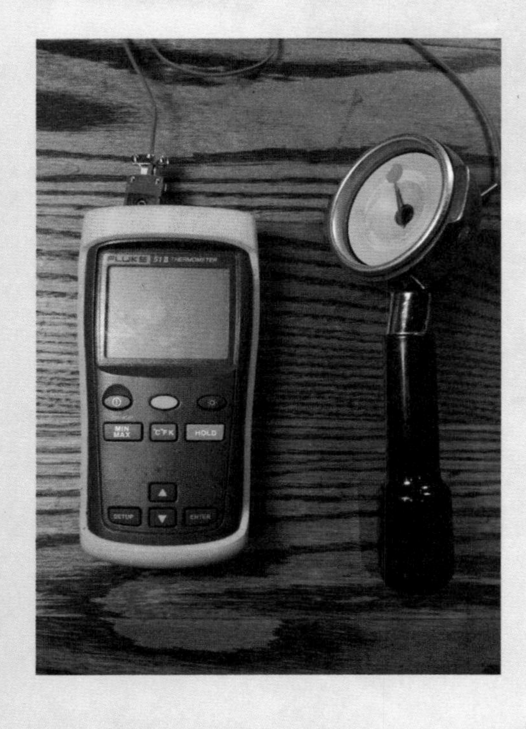

Scace Thermofilter 测温手柄和 FlukeTM 万用表。

这种咖啡机通常需要非常短暂的冲洗，以获得所需要的冲煮温度。可以使用 Scace Thermofilter 测温手柄或其他探针温度计来测试不同的冲洗量对温度变化的影响。

由恒温控制的机器产生的温度分布被认为是“平缓的”，看起来像顺时针旋转 90 度的“L”。根据机器的不同，冲煮水需要在几分之一秒到几秒的时间才能达到恒定温度。

热交换咖啡机的温度管理

在热交换咖啡机中，冷水会通过热交换器流出，热交换器是锅炉内的一根小管子，水在进入冲煮头的过程中在这里被快速加热。大多数热交换咖啡机都有一个热虹吸循环，水在热交换器和冲煮头之间循环。这将保持冲煮头的温热，并让水温比它在热交换器中停滞时更低。

热交换咖啡机无法让水温处于恒定或平缓的状态。相反，如图所示，在萃取的前几秒钟，温度急剧上升，达到峰值，趋于稳定，然后逐渐下降。*

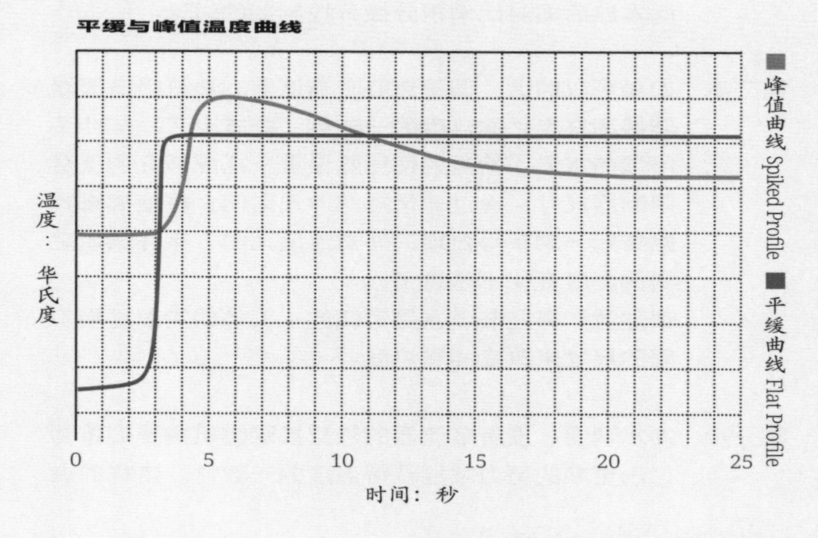

* 热交换咖啡机在萃取一份咖啡的过程中出水温度范围较宽。当我提到热交换咖啡机在出品多杯咖啡时，温度差异控制在 1°F 范围内，这意味着如果你将几杯咖啡的温度曲线图绘制到一个网格上对比，曲线与曲线之间的差异会一致地控制在 1°F 范围内。

管理热交换咖啡机的温度需要三个步骤。

第一步　调整恒压器。恒压器控制着锅炉内的压力，从而控制着温度：压力越大，温度越高。应该将压力设置得足够低，以避免冲煮水过热（相对于所需的温度），但压力设置也要避免太低，以免影响蒸牛奶所需的压力。如果你选择使用非常低的锅炉压力，请注意，你可能需要更换有较小孔的蒸汽棒，以保持足够的蒸汽速率来做出高质量的奶沫。

现有的大多数恒压器都允许锅炉保持 0.2 巴左右的压力波动，折算过来约 4°F(或 2°C) 的温度波动。通过降低恒压器的无作用区（如果它是可调的），或安装一个更灵敏的恒压器，或安装一个比例积分微分控制器，可以达到更稳定的锅炉温度。（请参阅本章后面对比例积分微分控制器的讨论。）

第二步　如果可以的话，调整热虹吸节流器。热虹吸节流器能提高杯次之间温度的一致性，并减少了冷却冲洗所需的水量。恰当的恒压器设置，搭配适宜的流量限制器尺寸，通过非常短的冲洗时间，将使咖啡师始终如一地获得合理的冲煮温度范围，多杯咖啡之间的温度变化不超过 1°F。

请注意：有些节流器是可调的；其他的需要更换不同的尺寸来改变冲煮温度。

第三步　冲水调温。没有节流器的热交换咖啡机需要咖啡师付出更多的努力才能获得温度的一致性。这样的咖啡机需要咖啡师根据每一杯咖啡的制作条件来调整冲水的时长，这种技术被称为冲水调温。
要想达到冲泡的理想温度，首先要调整冲煮水的温度，从沸腾变为平缓流动的温度，然后再放水几秒钟。溅射的结束表明热交换器已经被完全冲洗。冲洗的时间越长，在一定程度上，温度就会越低。一旦冲洗停止，热交换器中的水将开始重新加热。因此，为了达到理想的冲煮温度，咖啡师必须考虑冲洗的时长以及冲洗与萃取开始之间的时间间隔。

为了确保繁忙咖啡馆中的工作效率，冲洗流程的设计应该着眼于最小间隔时间，这种技巧被称为“即冲即做”。这套流程包含冲洗到所需的冲煮温度，然后立即扣上滤杯手柄并启动泵。对于不考虑工作效率的咖啡玩家，可以奢侈地试验各种冲水和间隔时间的组合。

在确定并固定一套冲洗流程之前，准确测量各项冲洗流程产生的温度是很有用的。最简单的方法是使用 Scace Thermofilter 测温手柄。其他高速珠探针温度计也可行，只是这种测试方法如果想要获得最精确的测试结果，每次测量都需要重新注粉来还原实际的流速限制与所需的温度。如此说来你就会发现，这是一种最麻烦又最费钱的温度测试方法。

温度曲线的峰值与平缓

许多咖啡专业人士花费了大量精力来争辩峰值温度曲线与

平缓温度曲线两者的优劣。令人生疑的是，这两种类型的温度分布能在多大程度上影响杯中咖啡的风味。事实上，就所有的咖啡机而言，萃取过程中水从咖啡粉饼中流过时的温度范围是比较大的，是不断变化的，尤其是在萃取的早期阶段。这是因为咖啡粉会吸收冲煮水的热量，所以在流经咖啡粉饼的过程中，水温是一直在变化的。单凭这一事实，就很难说许多咖啡师对平缓温度曲线的盲目崇拜是正确的。

许多咖啡师喜欢平缓的温度曲线，因为它们更容易理解和复制。而在几杯咖啡制作之间或使用不同的咖啡机的情况下，要复制峰值温度曲线是非常困难的。不过重点在于，两种温度曲线制作最佳咖啡的能力其实是比较相似的。

※

如果你极富钻研精神，又有闲钱，你可以添置一个 Scace Thermofilter 测温手柄、一个数字温度计和一款数据记录软件，然后尽情探索你的咖啡机的温度曲线。

如对此感兴趣，
要了解更多信息，
请参考
home-barista
网站上的一些有用的讨论，
也可以直接在论坛搜索
“datalogger scace fluke”。

比例积分微分控制器

近来，比例积分微分控制器开始被安装在意式浓缩咖啡机内，以精准控制冲煮温度。比例积分微分控制器可微调加热元件的开 / 关循环。*

在多锅炉咖啡机中，比例积分微分控制器直接作用于冲煮水锅炉，作为一个精确的恒温器，可以持续控制冲煮水温度，精确到小数点后一位。如果你愿意花 6000 到 10000 美元买一台多锅炉咖啡机，我建议你多花几百美元买一个比例积分微分控制器，以大大提高温度稳定性。

在热交换咖啡机中，比例积分微分控制器通过保持锅炉温度一致间接控制冲煮水的温度，反过来使热交换器的效果更加一致。在热交换咖啡机上安装比例积分微分控制器可以说是一种浪费金钱的行为，因为一个可靠的、精确的压力计可以以更低的成本达到相当水平的温度控制一致性。然而，比例积分微分控制器确实可以提供实时的锅炉温度读数和一种快速、方便的方法来改变温度设置。

出水温度和萃取温度

冲煮水离开出水网时的温度（出水温度）和实际咖啡粉被萃取时的温度（萃取温度）有很大的不同。许多咖啡师痴迷于出水温度，却很少考虑萃取温度。事实上，萃取温度才决定了意式浓缩咖啡的风味。

* 比例积分微分控制器使用反馈回路来控制加热元件的热能输出，是基于计算的“误差”，也就是实际锅炉温度和理想温度之间的差异。比例积分微分控制器根据三个参数得出计算结果：P（比例）、I（积分）和 D（微分）。比例计算根据误差的大小调整热能输出，积分作用基于误差的持续时间，微分作用基于误差的变化率。

为什么出水温度和萃取温度会不一样？在萃取的初期，咖啡粉、滤杯和滤杯手柄会从冲煮水中吸收热量，导致萃取温度低于出水温度。随着萃取过程的进行，咖啡粉饼变暖，萃取温度升高，如果有足够的冲煮水流过咖啡粉饼，则萃取温度最终会接近出水温度。

影响萃取温度的主要因素如下：

① 出水温度。这是主要影响因素，近似为萃取温度的上限。
② 滤杯手柄的重量和温度。冷的滤杯手柄会大幅降低萃取温度。为了保持滤杯手柄的热度，在注粉到压粉的过程中，尽量缩短它与冲煮头的分离时间。
③ 咖啡粉的温度。由于几乎所有咖啡馆都是在室温下储存咖啡豆，而几乎所有的磨豆机研磨后的咖啡粉都略高于环境温度，所以每一份咖啡粉之间的差异不会很大。
④ 咖啡粉的粉量。越大量的咖啡粉，水中的热量就会被吸收得越多，初始萃取温度就越低。
⑤ 水量。越多的水流经定量的咖啡粉，平均萃取温度就会越高。

※ 融会贯通，学以致用
Putting It All Together

到目前为止，我们已经分析了意式浓缩咖啡制作的各项细节。现在我想把所有的部分放在一起，描述制备一杯意式浓缩咖啡的全过程。请注意，这只是一种示例。基于你的设备的特性，可能需要稍加调整各项任务的顺序。例如，如果你的磨豆机启动速度比较慢，你的第一个动作可能是开启磨豆机。

① 卸下滤杯手柄。
② 如果你的咖啡机需要长时间冲洗，现在就开始冲洗。适当时停止冲水。
③ 敲掉用过的咖啡粉。
④ 将滤杯擦净擦干。确保所有滤网孔都干净。
⑤ 启动磨豆机（如果你的磨豆机启动速度比较慢，可以在第一步就启动磨豆机）。
⑥ 开始注粉。在咖啡粉掉落的过程中持续晃动滤杯手柄，使咖啡粉均匀分布在滤杯中直到滤杯填满。
⑦ 当咖啡粉研磨量足够时，关闭磨豆机。
⑧ 注粉完成。
⑨ 饰粉。
⑩ 确保压粉器干燥，没有沾咖啡粉。
⑪ 控制力度，轻轻压粉。

⑫ 擦拭滤杯边缘零星的咖啡粉。
⑬ 如果你的咖啡机冲洗时间短，现在就进行冲洗。
⑭ 将滤杯手柄扣回到冲煮头上，启动泵。
⑮ 观察无底滤杯手柄下方咖啡液流出的区域。如果立即出现通道效应，思考引发的原因，解决它，然后返回到第一步重新开始。
⑯ 根据期望的咖啡量和萃取液体的颜色，决定何时停止萃取。
⑰ 即刻把做好的咖啡上桌。
⑱ 回顾流速的快慢是否与预期相符，考虑是否调整研磨刻度。

如何辨别一杯好咖啡？

咖啡师无法仅仅通过倒咖啡就知道这杯意式浓缩咖啡味道的好坏。然而，一旦咖啡师对某款咖啡和咖啡机熟稔于心，他 / 她就可以通过视觉线索来预判一杯咖啡的品质。

下面的指南为直观地判断咖啡品质提供了一个实用的框架。对咖啡液的流动过程和咖啡液体颜色的判断应该根据你的咖啡和所用的咖啡机进行相应调整。所有的观察都假设使用无底的滤杯手柄。

- 如果有预浸润阶段，一旦泵被激活，咖啡应该在 3 ～ 10 秒内流出滤杯。如果没有预浸润，应在 2 ～ 5 秒内萃取出咖啡。不管怎样，我们都假定咖啡液的首次流出时间为计时的开始。

- 在最初的 2 秒内，深棕色的萃取液应该从滤杯底部所有的孔洞中流出。如果咖啡在最初的 2 秒内仅从部分孔中流出，而不是从全部孔洞中流出，就直接表明有萃取不均匀的情况。
- 3 ~ 5 秒的时候应该会看到黏稠的棕色浓缩咖啡液从滤杯底部滴下。这个阶段如果看到任何黄色液体，则表示通道效应已经形成，要么研磨太粗，要么萃取温度不合适。
- 在 8 ~ 12 秒的时候，所有的浓缩咖啡液应该汇集成棕色或橙色的细流。
- 在剩余的萃取过程中，浓缩咖啡液的颜色将逐渐变黄。根据你想要的意式浓缩咖啡水粉比例和风味，一杯意式浓缩咖啡应该在 20 ~ 35 秒完成萃取。

※ 预浸润
Preinfusion

预浸润是指咖啡粉在被全压处理前经过一个短暂的低压浸湿过程。大多数的咖啡专家包括我本人，发现在绝大多数的咖啡机上操作各种形式的预浸润，都能有效降低通道效应的产生，也会让意式咖啡机变得更能容错，能更好地弥补布粉不均、压粉不足，或者研磨设定不当所造成的瑕疵。

为什么需要预浸润?

比起全压，低压浸润时咖啡粉被流速较慢的水淋湿，这使得咖啡粉更易于充分膨胀，重新分布，在全压浸润开始前变得更有黏性。这提供了两个重要的益处。

① 降低通道效应产生的概率。无数台咖啡机的操作都验证了这一发现。这也与滴滤咖啡中的一项发现一致，那就是预浸润能减少滴滤咖啡中出现通道效应。

② 减少细粉的迁移。因为细粒的迁移与流速成正比，以较慢的流速浸润咖啡粉，咖啡粉变得膨胀而黏稠，会阻挠细粉迁移到咖啡粉饼底部。如本章前面所述，限制细粉迁移有助于促进更均匀的咖啡萃取。

因为这个发现具有一定的争议性，所以我想要在此澄清：使用预浸润并不一定会让你的最佳咖啡出品变得更好，但它几乎肯定能提高优质咖啡出品的概率。即使是一个有才华有经验的咖啡师也会发现，预浸润可以提高他或她的咖啡出品稳定性。更重要的是，在一个繁忙的咖啡馆，有许多不同手艺与水平的咖啡师，预浸润将在一定程度上确保整体的稳定性、高频率的优质出品，并减少烦琐的研磨调整。

常见预浸润方法

预浸润的方法有很多种。只要预浸润的方法是低压注水，然后不间断地增加压力，就会有助于萃取。以下是一些最常用的方法：

手动预浸润。咖啡师在低压力状态下开始注水，并控制何时启动全压。这是针对拉杆意式浓缩咖啡机和一些半自动意式咖啡机的做法。
手动预浸润需要实验来确定预浸润的时间和压力的最佳组合。一个好的实验基础是将意式浓缩咖啡机的压力值设置为 3.5 ~ 4.5 巴 (51 ~ 65psi)，并在 3 ~ 10 秒的预浸润时间内采样。

渐进式预浸润。在低压状态下开始注水，水会注入连接着冲煮头的、弹簧加压的预浸润水槽。一旦水填满了组头和预浸润水槽中间的空隙，弹簧就会伸展，使施加在咖啡粉饼上的压力逐渐增加。

流量限制。一个小限流器，或称喷嘴，减少流向冲煮头的水流。这导致了初始浸润和施加全压之间的时间滞后。有些人不认为这是真正的预浸润，但流量限制可产生类似于预浸润的效果。在没有低压预浸润的咖啡机上安装一个小喷嘴是一种聪明的替代方案。不同尺寸的喷嘴可通过许多浓缩咖啡机零件供应商获得。

电子预浸润。在注水的前几秒钟内，泵的压力循环打开和关闭一次或多次。这种类型的预浸润不能充分湿润咖啡粉饼，似乎没有提供明显的好处。我不推荐使用。

其他考虑因素

在增加预浸润周期时，需要将研磨刻度调整得更细，以保持流速的一致性。因素如冲煮头设计、喷头模式、分水网与咖啡粉饼顶部之间的空间等，都会影响预浸润的效果。就像意式浓缩咖啡制作过程中的许多参数一样，要充分利用所有机器和咖啡，使其表现最佳，都离不开反复实验和盲品。

※ 很久以前，在里雅斯特附近山上的一个小镇，许多意大利老头儿每天早上都会聚集在丘陵咖啡馆（Hilly Caffee），一边喝着精致的小杯卡布奇诺，一边疯狂地比着夸张的手势，争论不休。这种情况持续了几十年，男人们很高兴，因为他们迷恋而笃信丘陵咖啡馆的卡布奇诺有着牛奶和意式浓缩咖啡最完美的平衡。后来有一天，一位名叫“送奶人”的美国商人来到丘陵咖啡馆。当地人警惕地观察着这个陌生人，感觉他不认可这里的咖啡传统，因为这位陌生人总是点一杯意式浓缩咖啡和一大罐热牛奶，然后把它们都混倒在一个大得令人讨厌的纸杯里。

回国后，送奶人开设了连锁的咖啡馆，以便与美国人分享他迷人的意大利经历。这些咖啡馆的氛围平平无奇，没有打手势的意大利男人，也没有迷人的6盎司卡布奇诺，他的咖啡馆里有非常大的纸杯，里面装着少量的意式浓缩咖啡和大量的热牛奶。对商人来说幸运的是，“越大越好”在美国就像“教皇是天主教徒”在意大利一样被视为真理，备受追捧。

当这位送奶人忙着为顾客提供大量的热牛奶和少量的意式浓缩咖啡，顺便赚上数十亿美元的时候，另一个咖啡馆的老板正沉迷于制作小杯的深色的意式浓缩咖啡，以及钻研有着漂亮拉花图案的拿铁咖啡。有一天，这第二个人——名叫“温度男”，写了一本关于深棕色意式浓缩咖啡和美丽拉花拿铁咖啡的书。这本书的名字叫《对稳定温度的执迷》。这本书一版再版，销量惊人。送奶人是否读过这本书我们不得而知。

在这本书问世之前，美国许多小咖啡馆里的咖啡师都有样学样，专注贩售大杯拿铁咖啡，他们试图像送奶人一样变得富有。但他们远不是送奶人的竞争对手，因为他们缺乏送奶人在营销和房地产方面的天赋。幸运的是，温度男的书出版了，并给到了一则咖啡秘方：双份短萃意式浓缩咖啡，胜过送奶人所卖的拿铁咖啡。

在翻阅了温度男的书后，咖啡师们开始用双份滤杯制作小杯深色咖啡，并开始按订单现磨每杯咖啡。根据温度男的指示，单独现磨每杯咖啡都要求咖啡师使用挥指注粉法来完成。挥指注粉是指咖啡粉的量加到刚好或略高于滤杯边缘，然后用手指平整咖啡粉饼的表面。咖啡师使用挥指注粉的方式，最终可能在无意中注入了超出滤杯尺寸的咖啡粉量。

即使在采用了温度男的方法后，许多对品质有追求的美国咖啡师仍然不满意于他们的拿铁咖啡中咖啡的风味和强度。为了让他们的拿铁咖啡更为浓郁，他们面临着一个困境：要么用两只滤杯手柄为每一大杯拿铁咖啡制作咖啡，要么使用一个滤杯把手，注入更大的咖啡粉量。用两个滤杯把手做一款饮料实在是太费时了，所以这些咖啡师研发出了三份短萃意式浓缩咖啡。

如此高的粉量使用对意式浓缩咖啡的质量产生了许多连锁反应，迫使咖啡师做出了调整。大量的咖啡粉从冲泡水中吸收更多的热量，所以咖啡师开始使用更高的冲泡温度。更多的咖啡粉产生了更大的水阻力，因此需要使用更粗的咖啡豆研磨来延续传统的(也有人会说教条的)25 秒萃取时间。也许最为重要的是，咖啡师在增加咖啡粉量的情况下却没有增加咖啡的杯量，所以他们无意中提高了意式浓缩咖啡的水粉比。

意式浓缩咖啡的水粉比是干的咖啡粉的质量与咖啡粉萃取出的咖啡的质量之比。浓缩咖啡水粉比越高，固体含量越低；这样的咖啡通常口感更明亮、更酸，而且通常是尖锐的。而以较低水粉比制作出的意式浓缩咖啡则往往有更高的固体含量，就会具有更醇厚的风味，更多的苦甜口味和焦糖色调。

最近，一位名叫吉姆的聪明人写了一篇论文[6]，讨论了非常大的咖啡注粉量对可溶性物质的产率和咖啡风味表现的影响。* 一瞬间，所有最技术流的美国咖啡师都拜读了吉姆的论文，他们挠着头，不知道该如何消化这些新信息。具有讽刺意味的是，他们中的许多人重新发现了意式浓缩咖啡的优点，就像丘陵咖啡馆的意大利咖啡师一直所知的那样。

与此同时，丘陵咖啡馆的男人们依旧不变地享用着他们的小杯焦糖甜香意式浓缩咖啡和卡布奇诺。偶尔，旅行中的美国咖啡师走进丘陵咖啡馆，所有的男人都停止了争论和手势，侧耳等待着这位美国人会点什么咖啡。当听到美国人点了一杯意式浓缩咖啡时，他们点头，露出满意的笑容，继续回到热烈的争论中去。

* 文中指的是溶解率，而不是固体获得量。吉姆后来修改了他的一些发现，但论文的大部分内容对咖啡师来说仍然是有价值的资源。

※ 意式浓缩咖啡的制作：意大利与美国之不同

Espresso-Making Techniques in Italy Versus America

在过去的 20 年里，意大利之外的咖啡师研发出了新的意式浓缩咖啡制作技术，许多意式浓缩咖啡文化已经偏离了传统的意大利制法。在这一节中，我将重点讨论意大利和美国在注粉量和冲煮水温度标准之间的差异。

注粉标准

在意大利，典型的注粉量是 6.5 ～ 7 克单份咖啡 (1 盎司或 30 毫升) 和 13 ～ 14 克双份咖啡 (2 盎司或 60 毫升)。历史上，这些参数，结合预研磨和标准的单份、双份滤杯尺寸，形成了一个公认的意式浓缩咖啡水粉比和冲泡强度的范围。

近来，许多来自美国的咖啡师开始使用更大的注粉量，通常超过 20 克。在比较超前的咖啡师中，单份咖啡的注粉量已经从传统意大利标准的 7 克演变为 14 克的双份短萃意式浓缩咖啡，再到过量 (超过 14 克) 的双份短萃意式浓缩咖啡，最后演变为三份短萃意式浓缩咖啡。这类咖啡并不是传统意义上的短萃意式浓缩咖啡 (即由单份咖啡做出的非常少量的萃取)，而是由更大注粉量（且越来越大）制成的标准体积的咖啡(1 ~ 1½盎司)。这些新晋注粉量标准并不在全球通用，但它们与咖啡标准的发展息息相关，因为它们被运用于许多备受青睐的咖啡馆中。同时，注粉量大小的演变是对两个发展趋势的反应：美国市场饮品规格，以及现磨咖啡的普及与风靡。

意大利与美国在冲煮温度上的差异

我常常好奇，为什么这么多意大利咖啡师使用185 ~ 195°F(85 ~ 91°C)的出水温度，而许多美国咖啡师，尤其是那些被认为非常超前的咖啡师，使用198 ~ 204°F(92 ~ 96°C)。我认为部分原因是大多数意大利咖啡师使用7克的注粉量来萃取1盎司的咖啡，而许多美国咖啡师则使用18 ~ 21克的咖啡粉来萃取1盎司的咖啡。尽管出水的温度不同，这两个萃取系统的结果却是获得相似的平均萃取温度。

为什么美国的咖啡师所用的冲煮水温会更高呢？因为美国咖啡师使用的较大注粉量从冲煮水中吸收了更多的热量。

为了说明这一点，这里有一个有趣的假想实验：如果你把7克80°F(27°C)的咖啡粉和30克190.5°F(88°C)的水（意大利的丘陵咖啡馆中典型的1盎司意大利浓缩咖啡的做法）放入预热的容器中，混合物的温度将是181.1°F(82.8°C)。如果你把21克80°F(26.7°C)的咖啡粉和38克203.5°F(95.3°C)的水（美国的“温度男”咖啡馆中典型的1盎司意式浓缩咖啡的做法)放入同一个容器中，混合物的温度也会达到181.1°F(82.8°C)。假设每克咖啡粉吸收1克水。

下面的图表更清楚地展现了假想实验中使用的数据：

干咖啡粉与热水混合后的平衡温度

	丘陵咖啡馆	“温度男”咖啡馆
水的重量（不含损耗）（克）	30	38
水温（°F）	190.5	203.5
干咖啡粉重量（克）	7	21
干咖啡粉的温度（°F）	80	80
干咖啡粉的比热	0.4	0.4
意式浓缩咖啡的约重（克）	23	17
体积 / 重量比例约值	0.04	0.06
总重约值（盎司）	0.9	1.0
平衡温度（°F）	181.1	181.1

计算方法：
丘陵咖啡馆：181.1 =[30×190.5 + (7×80×0.4)]÷(30+7×0.4)
“温度男”咖啡馆：181.1 =[38×203.5+(21×80×0.4)]÷[38+(21×0.4)]

诚挚感谢安迪·谢克特
教会我计算比热以及帮助我校正数字。

制作优质意式浓缩咖啡和含奶饮品的系统

一杯意式浓缩咖啡的最佳萃取和一杯 12 盎司咖啡拿铁的最佳萃取方式是不一样的。意式浓缩咖啡应该有适当的冲泡强度，并优化所使用的混合咖啡豆的潜在风味。冲泡强度过低会导致醇厚度的缺乏，因为冲泡强度和意式浓缩咖啡的口感醇厚度高度相关；而过高的冲泡强度又会打扰饮用者感知细微风味的能力。

理想的 12 盎司拿铁咖啡需要有足够质量的咖啡和冲泡强度来平衡牛奶的体积。其中所含的意式浓缩咖啡的风味很重要，但远不如纯意式浓缩咖啡中风味的重要性来得高，因为在拿铁咖啡中，浓缩咖啡的许多微妙之味都被牛奶掩盖了。

为了同时满足喝意式浓缩咖啡和拿铁咖啡的需求，在美国，大多数高品质的咖啡馆对所有的咖啡萃取都使用大注粉量。这可以制作出相当不错的纯意式浓缩咖啡和拿铁咖啡，但它既昂贵又浪费，而且不能同时优化拿铁咖啡和纯意式浓缩咖啡的萃取。

咖啡馆若想基于订单定制每一份咖啡萃取，可以参考如下我推荐的两个制备体系：

使用两台磨豆机：制作两种截然不同的意式浓缩咖啡的方法之一，是用两种不同的咖啡豆，以及准备两台磨豆机分开使用。此外，根据意式浓缩咖啡机的不同，可以有一组冲煮头专门用于制作纯意式浓缩咖啡，其温度可根据所使用的咖啡量身设定。

使用不同尺寸的滤杯，定制的注粉量和饰粉法：如果咖啡师使用传统的意大利注粉量标准，一份咖啡萃取用 7 克咖啡粉，两份咖啡萃取用 14 克咖啡粉，这样冲煮出来的咖啡的冲煮强度、风味和流速都大致相同。然而，如果咖啡师使用单份和双份滤杯手指注粉法，双份滤杯中的咖啡粉量将小于两倍单份滤杯中的粉量。* 这将导致不同的流速（在双份滤杯中更快）、冲煮强度和风味表现。

另一种选择是使用两个或三个不同的滤杯，针对每个不同的滤杯定制注粉量和布粉步骤。例如，在家里我有一台磨豆机、一个单份滤杯和一个双份滤杯。我喜欢用单份滤杯来做冲煮强度适宜的、丰满的、甜美的常规意式浓缩咖啡；用双份滤杯来萃取更醇厚更强劲的双份短萃意式浓缩咖啡，用来制作卡布奇诺。如果我用一个平整的工具为双份滤杯饰粉，用磨豆机注粉槽的盖子修整单份滤杯中的咖啡粉，两个滤杯都将获得 1 盎司质量和流速相似的萃取液。此外，每一杯咖啡的冲泡比例、风味和冲泡强度都能符合预期目标。

* 大约 1.5 倍；确切的比例取决于咖啡、注粉方法和使用的滤杯类型。所描述的例子假设所有单份咖啡的质量相同，而双份咖啡的质量是单份的两倍。

※ **我的注粉求学路**

又名："我为何不得不去两个大陆只为学习如何注粉"

第一次造访意大利的时候，我已经当了 8 年的咖啡师，习惯于用三倍注粉量 (20 克) 的咖啡粉萃取 1 盎司到 1.5 盎司的咖啡。和我自己做的意式浓缩咖啡相比，我在意大利喝过的大多数意式浓缩咖啡都更香甜，酸度较低，颜色更黄，醇厚度略低。旅行回来后，我试着调整自己做的意式浓缩咖啡，以还原我在意大利体验过的咖啡之味，但遗憾的是从来没有得到令人满意的结果。

几年后，我在新西兰惠灵顿的 Mojo Coffee 工作。Mojo 采用了意大利的注粉标准，主要选用酸性水洗的浅烘（二爆前）混拼咖啡豆。我原以为制作出的意式浓缩咖啡会非常明亮及具有酸的口感，但结果却是令人愉悦的甜味和适中的酸度。很明显，注粉量的差异至少在一定程度上影响了其醇厚和甜味的特征。为了验证这个想法，我尝试过量注粉一个双份粉碗来制作一杯双份短萃意式浓缩咖啡。(我们没有三份粉碗，这是我在咖啡馆里能找到的最接近粉量需求的工具。) 与用 Mojo 的注粉法和意式浓缩咖啡水粉比例制作的咖啡相比，这次测试的咖啡风味会更尖锐，甜味更低。

当我回到美国，开设第二间咖啡馆时，我重新恢复使用 20 克咖啡粉量。我本想让自己的咖啡尝起来更像我在新西兰做的咖啡，但我陷入了两难境地：我不能用更少的咖啡粉量做出令人满意的 12 盎司或 16 盎司的拿铁咖啡，因为意式浓缩咖啡的味道淹没在了牛奶里。考虑到纯意式浓缩咖啡的销量只占意式浓缩咖啡饮品销量的不到 5%，我无法为了更好喝的纯意式浓缩咖啡而牺牲另外 95% 的销量。

请按捺住你纯粹的愤怒，直到这一章结束。

※ 意式浓缩咖啡萃取时的压力干预 Pressure Interruptions During Espresso Brewing

在萃取一份意式浓缩咖啡的过程中，有几个情况可以暂时降低压力。(这些问题不适用于拉杆意式浓缩咖啡机。)

① 清洁或冲洗另一组冲煮头。
② 用另一组冲煮头进行萃取。
③ 启动锅炉自动注水阀。
④ 其他机器正在注水，减少对意式浓缩咖啡机的线路压力。

这些压力变化的发生会导致萃取过程中通道效应的产生，可以用一些简单的策略来尽可能避免此类情况的发生。

① 直到所有冲煮头都完成萃取，再进行冲煮头的冲洗。
② 若要同时开始两份咖啡的萃取，请同时清洁两个冲煮头，并准备好两个滤杯手柄。*
③ 重新布线，以防止在咖啡机的泵工作时锅炉进水阀打开。
④ 如果其他机器(啤酒机、洗碗机等)正在与意式浓缩咖啡机争夺水压，意式浓缩咖啡机可以通过以下设置进行水压保护。按顺序，从水源上游到下游依次安装水处理器、压力槽、压力限流器和意式浓缩咖啡机。水处理器

* 忙碌的咖啡师会发现策略 1 和策略 2 不可能同时执行，否则会大大降低服务速度。尽管如此，所有的咖啡师都应该在实际操作允许的情况下，尽可能多地使用这些策略。

是首要的，因为大多数系统的压力输出是波动的。压力波动会被压力槽吸收。压力槽如同一个气球，无论水源的压力状态如何，都能稳定流出高压状态的水，之后经由压力限流器调整成适合意式浓缩咖啡机的理想水压。压力槽和压力限流器总计花费在 200 美元左右。

※03 渗滤与萃取的科学和理论

THE SCIENCE AND THEORY OF PERCOLATION AND EXTRACTION

通过一些研究，我书写了这一章节来教导咖啡师关于浓缩咖啡渗滤的动力学。有些人会觉得这部分内容有趣且令人着迷；有人则会觉得这一章令人脑袋发麻。我认为这一章的内容值得花心思阅读和理解，这些科学和原理将为日后的实际执行提供非常有效的知识基础和帮助，在需要诊断多种关于渗滤和萃取的问题时则会显得尤为重要。

※ 渗滤动力学 Percolation Dynamics

浓缩咖啡的渗滤动力学是非常复杂的，时至今日依旧未能被完全解密，但一些实用的模型已经被发展出来，用以描述已知的过程。为了让这些模型更可视化，更具直观的指导作用，我们可以首先讨论和观察更为人们熟识的滴滤咖啡，观察透明滤器中咖啡粉、气体和水的相互作用。但凡能让我们观察到咖啡粉在咖啡制作过程中的状态，观察手冲咖啡或任何滴滤咖啡的形式都是可以的。

渗滤和萃取的动力学：滴滤咖啡

第一阶段：浸润

将冲煮水淋洒到咖啡粉层上，浸润咖啡粉，这会使其迅速释放二氧化碳。释放出的二氧化碳会排斥和阻挡水，形成湍流，阻挡水进一步浸润咖啡粉和流过咖啡粉层。冲煮后的咖啡粉表层留下的余沫就是这种现象的证据。

水总是沿着阻力最小的路径流过咖啡粉层，因此流动的路径是不规律的。在流动的过程中，水既从咖啡粉中滤走了部分固体，又同时被咖啡粉吸收，导致未被吸收的液体在咖啡粉层内向下流动时变得越来越浓稠。同时，咖啡粉也在吸收水的过程中逐渐膨胀。

第二阶段：萃取

从过滤器底部流出的咖啡最初是黏稠而浓缩的。随着萃取的进行，流出的液体变得越来越稀，因为在咖啡粉床上剩余的可萃取物质越来越少。

萃取分两阶段进行。在第一阶段，咖啡粉上的颗粒物被水冲洗带出。在第二阶段，固体通过颗粒内扩散从咖啡颗粒内转移到水中，[8] 即从浓度较高的区域移动到浓度较低的区域。

扩散发生在一系列的步骤中。首先，水接触咖啡颗粒并致使气体排出。接着，水进入咖啡颗粒的孔隙，颗粒膨胀，颗粒内的固体物质溶解。最后，溶解的固体扩散到咖啡颗粒表面，最后进入周围的溶液中。[8]

在冲煮过程中，水被不断地添加到这个萃取“系统”的顶部，不断稀释滤杯中搅动的液体、咖啡粉和气体。靠近咖啡粉层顶部的稀释液体，由于一个陡峭的浓度梯度（咖啡固体在咖啡粉层和周围液体之间的浓度差异），从上层的咖啡粉中迅速扩散。相较之下，靠近底部的咖啡粉层萃取较慢，因为那里的液体更浓缩，含有更多的固体物质，降低了浓度梯度。如上的两种萃取速度的差异，导致了萃取不均匀的发生，比起靠近底部的咖啡分层，靠上的咖啡粉层会有更多固体物质被萃取出。*

渗滤和萃取的动态过程：意式浓缩咖啡

意式浓缩咖啡和滴滤咖啡的动力学是相似的，尽管意式浓缩咖啡的萃取主要是通过冲刷完成的，扩散作用的影响很少或几乎没有。用来描述意式浓缩咖啡的渗滤模型并不全面，但它们通过成功预测现实世界的实验结果显示了其有效性。[1,2,3,4,5] 以下内容综合了已发表的研究成果和目前精品咖啡行业的共识。

第一阶段：浸润

在第一阶段，冲煮水会注满萃取室的顶部空间，驱逐气体并润湿咖啡粉。咖啡粉吸收水分，同时冲煮水从咖啡粉中吸走部分固体物质。吸收了水的咖啡粉开始膨胀，咖啡粉层的孔隙度降低。[2]

当冲煮水流过咖啡粉饼时，它侵蚀咖啡粉中的固体，搬运这些固体，并将其中一些固体沉积在咖啡粉层较靠下的地方，[5] 这使得接近底部的咖啡粉层的固体物质含量在浸润阶段增加**。[5,6]

* 使用锥形的滤杯，而不是圆柱形的滤杯，可以使咖啡粉层的上下萃取更均匀。（参见本章后面关于滤杯形状的讨论。）

** 目前尚不清楚报告中提到的“接近底部的咖啡粉层的固体物质含量……增加”中，多少增加是由于沉积的固体，多少是由于萃取过程中断进行测量时固体通过萃取液向粉层下层转移。

咖啡粉层在浸润阶段特别容易产生通道效应。干燥的咖啡颗粒缺乏凝聚力，咖啡颗粒的迁移和膨胀导致咖啡粉层结构重组，固体脱除率高，以及在某些机器中，在这一阶段压力突然增加，所有这些都增加了通道效应形成的可能性。

在浸润阶段结束时，咖啡粉层已经发生了根本的变化：它失去了孔隙度，发生了膨胀，并从冲煮水中吸收了热量，气体已经被排出，固体在咖啡粉层中完成了由上至下的移动，冲煮水流动的优先路径被打通，可能也已经形成了通道效应。

第二阶段：增压

压力梯度使冲煮水从咖啡粉层上方的高压区流向滤杯出口的低压区。根据流体动力学的达西定律，当施加的压力增加时，通过咖啡粉层的冲煮水流量会增加。然而，已发表的研究中的试验证据显然在两方面与达西定律相悖。在这项研究中显示：

① 随着萃取过程中压力的增加，流速开始增加，达到峰值然后下降，逐渐趋于稳定。

② 数次以不同压力制作意式浓缩咖啡的试验显示，压力越高，流速越快，但只在一定的压力峰值下。超过这个压力峰值后，平均流速要么保持不变，要么会下降。简单来说，这意味着，如果你将意式浓缩咖啡机的泵压从 9 巴增加到 12 巴，咖啡的流速可能会下降。

有几种可能的原因可以解释为什么在压力增加阶段流

速可能会下降。首先，在这一阶段，由于某些剩余的干咖啡粉被浸润，颗粒膨胀降低了粉层的孔隙率，并导致水流阻力的增加。其次，压力的增加使咖啡粉饼被压得更紧实，[13] 增加了水流阻力。最后，增加的压力“有利于咖啡粉颗粒的移动（即细粒的迁移），却也会进一步使咖啡粉饼逐渐被压实”。[2]

第三阶段：萃取

在不同形式的冲煮中，关于冲刷和扩散对萃取的相对贡献，研究人员提出了相互矛盾的意见。一位收集数据的研究人员得出结论，萃取的主要机制是冲刷掉咖啡颗粒外表面的固体物质。另一篇论文分析了相同的数据，得出的结论却是，在第一分钟内 85% ~ 90% 的萃取（假设之后可能是 100%）是由于颗粒内部扩散。如果第二个研究人员是正确的，扩散可能在意式浓缩咖啡萃取中发挥重要作用。

根据使用圆柱形渗滤所做的研究，扩散作用是直到咖啡颗粒满足如下条件才会出现：

① “结合水的比例适当”。咖啡颗粒可以容纳约 15% 的自身干重的结合水。[16]

② 可自由流动的萃取液已饱和。[7]

③ 排气完成。

典型的意式浓缩咖啡萃取时间可能太短，无法满足所有三个扩散作用产生的前提条件。因此，意式浓缩咖啡的萃取很可

意式浓缩咖啡的渗滤和萃取的动态过程

图例：萃取 细粉 水 通道

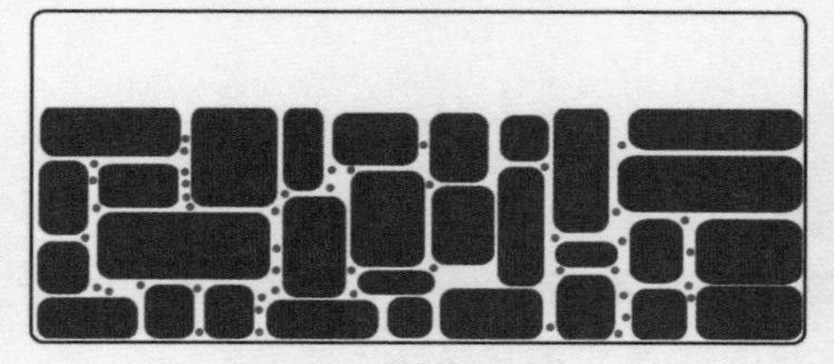

DRY
干燥
时间 = - 10 秒

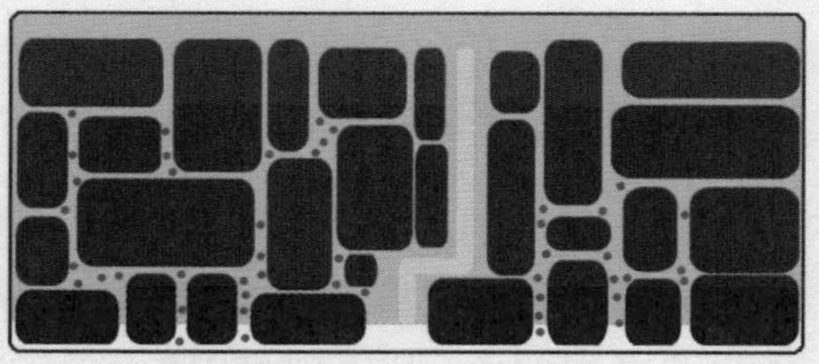

LOW PRESSURE WETTING
低压浸润
时间 = - 1 秒

FULL PRESSURE & FIRST EXTRACT
全压和初次萃取
时间 = 0 秒

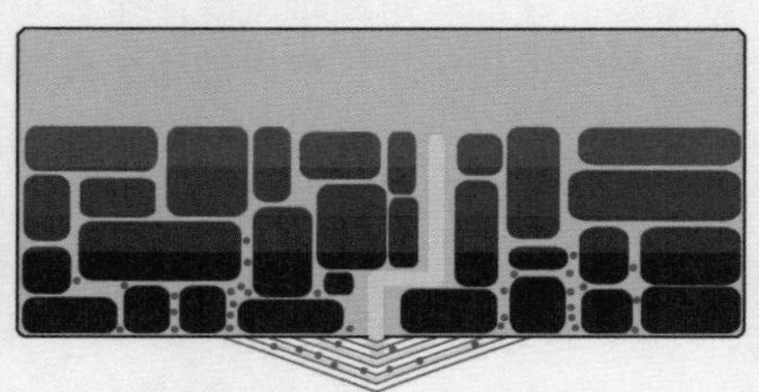

BEGINNING OF EXTRACTION
萃取初期
时间 = 5 秒

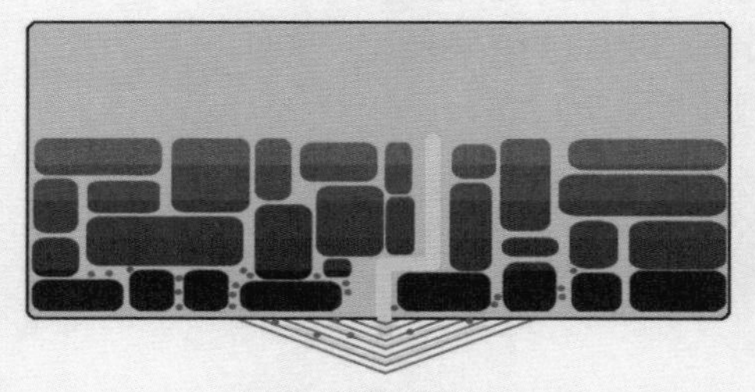

MID-EXTRACTION
萃取中期
时间 = 15 秒

LATE EXTRACTION
萃取后期
时间 = 25 秒

在第一张图片中，咖啡粉的颜色（由堆叠的矩形表示）是深红色的，表明这些颗粒含有高浓度的咖啡固体物质。后续的画面中这些色块的颜色逐渐变浅，代表逐渐降低的咖啡固体物质浓度。

时间 = - 10 秒：咖啡泵启动之前的干燥咖啡粉。咖啡粉含有许多固体物质，细粉也散布在整个咖啡粉层中。

时间 = - 1 秒：咖啡粉在预浸润快完成时的状态。冲煮水已经流过了咖啡粉饼而萃取阶段还未开始。可见的黄色线条代表通道已经在咖啡粉层中形成。咖啡粉饼的上层流失了一些固体颗粒，而咖啡粉层靠近底部的区域则获得了更多的固体颗粒。细粉开始向咖啡粉层的底部区域迁移。

时间 = 0 秒：首次萃取开始。第一次萃取从通道流出。细粉和咖啡颗粒在咖啡粉层内陆续集中。由于压力的增加，咖啡粉层开始被压实。

时间 = 5 秒：萃取初期。固体颗粒和细粉快速从咖啡粉层中被带走。由于完整的萃取压力，咖啡粉层进一步缩小。

时间 = 15 秒：萃取中期。咖啡粉层由于质量的减少而不断缩小。上部的咖啡粉层中可萃取颗粒已经消耗殆尽。大量的细粉和固体颗粒聚积在咖啡粉层的最底部。

时间 = 25 秒：萃取末期。上部的咖啡粉层中可萃取颗粒已经被完全清空。咖啡粉层流失了原有干粉质量的 20%。

能完全是通过冲刷咖啡颗粒外表面的固体以及通过油脂的乳化*来完成的。[9]就算扩散作用真的有任何影响，也是微乎其微。

萃取液的流动和过程

一份精心准备的意式浓缩咖啡粉，最初的萃取液流出时应该是黏稠而色深的。当冲煮水持续冲刷，萃取浓度被不断稀释，萃取液流出时的颜色逐渐变浅，最终逐渐变成淡黄色液体。当萃取液变成黄色或金色时，切断注水可有效控制冲煮强度被稀释，且不会对咖啡风味产生如想象中的负面影响，因为在萃取的较后阶段，萃取液中的风味物质含量已经很低。

在浸润和萃取初期，咖啡粉饼较靠上层的固体物质被迅速萃取出。[5]这是由于高温存在、浸润阶段颗粒迁移相对容易，以及显著的浓度梯度的存在等。

咖啡粉层较靠下的固体含量在浸润过程中开始增加，在萃取初期稳定下来，因为靠下的咖啡粉层失去了较小的、快速溶解的固体，同时获得了由上而下沉积的细粉。最终的结果是，杯中萃取出的咖啡固体贡献大多来源于咖啡粉饼的上层。[5,6]

* 油脂的乳化似乎是由意式浓缩咖啡冲煮的压力促成的。一杯意式浓缩咖啡和一杯非常浓缩的咖啡的差别，主要体现在是否乳化。
人们认为，当萃取物的焦糖化固体浓度较高或二氧化碳浓度较低时，其颜色会更深，尽管可能还有其他影响液体颜色的原因。

※ 细粉
Fines

细粉或极细小细胞壁碎片的迁移是意式浓缩咖啡渗滤的“x因子”。虽然我不知道是否有任何可以量化细粉迁移的直接测量方法，但在已发表的研究[1,6,7,9]中已经有相当多的间接证据表明它的存在，也有基于细粉迁移并在咖啡粉层底部形成致密层的假设所做出的数学预测模型*可供参考。[1,4,5]

一个明显的致密层的形成会阻塞滤杯底部的滤孔从而破坏均匀的渗滤。致密层的形成会引发如下所列的好几个问题，从而影响意式浓缩咖啡的品质。

① 计划外的流速降低。任何咖啡师只要曾经经历过在萃取过程中流速下降，都可能见证了由于致密层的堆积而导致水阻力增加。
② 不均匀的萃取和通道效应。
③ 醇厚度降低。因为过多的细粉沉积在粉层中，而不是被萃取进咖啡中（不论是可溶的还是不可溶的颗粒）。

细粉对意式浓缩咖啡品质的影响

除了形成致密层外，细粉对浓缩咖啡品质的影响是积极与消极并存的。为了深入了解细粉的影响，在注粉前，我用一个 90 微米的滤筛从咖啡粉中筛除了大量（也许是大部分）

* 文中提到的一些数学模型已被用来建立能够容纳大量变量的浓缩咖啡渗滤模型。真实的实验验证了这些模型的预测值，如在预浸润过程中咖啡粉饼湿润百分比，萃取后各层咖啡粉中残留的固体质量，以及渗滤流速等。

细粉。* 去除细粉的第一个明显效果是流速加快，这表明细粉增加了水阻力。在调整研磨刻度以重新平衡流速后，我用过筛的咖啡粉重新做了几杯咖啡。相较于用相同咖啡豆做出的“常规”意式浓缩咖啡，筛除细粉的咖啡呈现出了醇厚度和苦度都较低的结果。

因为细粉的存在对意式浓缩咖啡有积极的影响（更醇厚）和消极的影响（更苦），所以最好的浓缩咖啡应该要找到两个绝佳点，第一个是总注粉量中最理想的细粉含量。第二个是通过限制细粉的迁移来防止致密层的形成。纵然到目前为止还没有切实可行的方法来测量细粉的产生和迁移，但有一些方法却是可以减少其产生和迁移的。

减少细粉的产生

在咖啡豆的研磨过程中，由于烘焙后的咖啡熟豆的脆性，细粉的产生是不可避免的。在特定的研磨刻度设定下，有四种方法可以减少细粉的产生：使用更锋利的磨刀盘，[11] 使用烘焙程度较浅的咖啡豆，[7] 使用较慢的研磨速度，[7] 或使用含水量更高的咖啡豆。[7]

限制细粉的迁移

咖啡师可以通过两种间接方式监测细粉的迁移：观察萃取液从无底滤杯流出时流速的稳定性和颜色的变化。敲出咖啡粉残渣后，检查滤网的孔洞（滤杯底部不同区域的咖啡粉颜色不应该相差太多，滤杯孔洞应该干净）。基于这些观察，咖

* 我并未测量筛去了多少比例的细粉。我只是单纯地持续摇晃了滤筛大约 1 分钟之久，直到没有更多细粉过筛。

啡师可以判断细粉是否过度迁移。

减少细粉迁移的最有效方法是采用低压预浸润和选择较细的研磨刻度。较细的研磨刻度可以减少咖啡粉颗粒之间的缝隙，让咖啡粉层变得更加紧实，从而缩小迁移路径。[7] 当然，仅是单纯地将研磨刻度调细，会使得流速降低，需要搭配较少的注粉量，较宽的滤杯来平衡流速。

※ 意式浓缩咖啡的水粉比和标准
Espresso Brewing Ratios and Standards

什么是短萃、常规和长萃意式浓缩咖啡？

尽管意式浓缩咖啡在意大利是有“明文标准”的，但在世界上其他地方却通行着各种不同的制作习惯，不管是注粉量还是一杯咖啡的量。因此，短萃、常规、长萃意式浓缩咖啡这三个术语对不同的咖啡师来说有很不相同的含义。

据了解，在咖啡馆中，一杯常规意式浓缩咖啡代表的是一杯标准容量，一杯短萃意式浓缩咖啡代表的是用相同的注粉量与较少的水制作而成的咖啡，而一杯长萃意式浓缩咖啡是用同样的注粉量与较多的水制作而成的咖啡。因此，这三个术语泛指浓缩咖啡的水粉比例 *。

传统上，咖啡师会按体积来衡量一杯咖啡的量，标准的意式浓缩咖啡常规的量是 1 盎司（约 30 毫升）。这就带来了一个复杂的问题：因为不同杯量的咖啡油脂层量相差很大，同样体积的两杯浓缩咖啡的液体量也相差很大。观察过数杯咖啡同时静置几分钟的任何一个咖啡师都可以证明，在咖啡油脂层消散后，剩余的液体量是不一致的。

* 传统而言，“水粉比”这个术语大多用于滴滤咖啡的冲泡，多指用来冲煮咖啡的干咖啡粉和冲泡水的比例。在意式浓缩咖啡的制作过程中，咖啡粉吸收水的比例很高且变化不定，所以很难测量用水量。因此，尽管有一些不恰当，但是可以将意式浓缩咖啡的水粉比定义为：干咖啡粉的质量与意式浓缩咖啡出品的质量之间的比例。

咖啡油脂层的体积的变因也有很多种，比如，使用更新鲜的咖啡豆、咖啡豆现磨现用、混拼罗布斯塔咖啡豆、使用无底滤杯和其他因素等。

要比较意式浓缩咖啡的水粉比和一杯咖啡的“大小”，正确的对比方法应是对比注粉量和萃取量。在咖啡馆营业时段，边萃取边称重是不切实际的。我不建议咖啡师称重每杯咖啡，但我认为通过间歇性、有计划的称重来确保咖啡出品的一致性是很有必要的。称重咖啡出品这一做法同时还能提高咖啡师的沟通效率，尤其是针对注粉量、咖啡量、意式浓缩咖啡水粉比等这类话题。

我的朋友安迪·谢克特，一位来自纽约州罗切斯特的优秀业余咖啡科学家，他提出了一项全新的概念，意式浓缩咖啡的水粉比根据咖啡的萃取量来计算，而非通过咖啡的体积来计算。*

有趣的是，同样是制作两杯意式浓缩咖啡，一位咖啡师使用意式咖啡机容量编程管理功能，另一位咖啡师通过目测控制萃取时长，前者出品的稳定性要远高于后者。容量编程管理功能萃取出的咖啡因为咖啡油脂层的关系看似体积不同，但实际上它们的质量是相当一致的。

水粉比、萃取量……咖啡师们应该如何运用这些关于意式浓缩咖啡的信息呢？第一，我认为咖啡师应该每天称重几杯咖啡的重量，以确保出品的一致性。第二，当咖啡豆烘焙师和经验丰富的咖啡师们讨论萃取时，萃取量应该像注粉量和冲

* 安迪对这些观点的讨论，以及图表的原始发布，请参见 home-barista 网站论坛。

煮水的温度一样被同等提及。第三，咖啡师们应该积极尝试意式咖啡机容量编程管理功能，但需要注意的是，仍然需要监测萃取流速和通道效应。

意式浓缩咖啡的水粉比

		干咖啡粉 dry coffee（克 /g）			饮品 beverage（克 /g）			水粉比（干粉 / 液体）(dry / liquid) brewing ratio			含咖啡油脂层的总体积 gross volume incl. crema（盎司 / oz）	
		low	**med**	**high**	**low**	**med**	**high**	**low**	**high**	**typical**	**low***	**high****
短萃意式浓缩咖啡 ristretto	单份	6	**7**	8	4	**7**	13				0.3	0.6
	双份	12	**16**	18	9	**16**	30	60%	140%	**100%**	0.7	1.3
	三份	19	**21**	23	14	**21**	38				0.9	1.7
常规意式浓缩咖啡 regular espresso normale	单份	6	**7**	8	19	**14**	20				0.6	1.1
	双份	12	**16**	18	20	**32**	45	40%	60%	**50%**	1.3	2.6
	三份	19	**21**	24	32	**42**	60				1.9	3.4
长萃意式浓缩咖啡 lungo	单份	6	**7**	8	15	**21**	30				0.8	1.5
	双份	12	**16**	18	30	**48**	67	27%	40%	**33%**	1.9	3.3
	三份	19	**21**	24	48	**63**	89				2.5	4.4
克蕾马咖啡 cafe crema	单份	6	**7**	8	38	**50**	67				2.51.8	3.0
	双份	12	**16**	18	75	**114**	150	12%	16%	**14%**	4.0	6.9
	三份	19	**21**	24	119	**150**	200				5.3	9.0
滴滤咖啡 drip coffee	美国精品咖啡协会标准 SCAA standard		**55**			**1000**		5%	6%	**5.5%**		

在这张图表中，安迪 · 谢克特用浓缩咖啡的水粉比例定义了短萃、常规和长萃。他提出的标准反映了意大利的普遍做法，他的定义简明易懂，易于记忆。换句话说，安迪将短萃定义为咖啡液体重量等于干咖啡粉的重量。常规意式浓缩咖啡的咖啡液体重量则是干咖啡粉重量的两倍。长萃的咖啡液体重量等于干咖啡粉重量的三倍。所谓克雷马咖啡，则单纯是一大杯意式浓缩咖啡。

* 陈年咖啡豆；有底滤杯；100% 阿拉比卡豆种；意式拉杆咖啡机

** 新鲜的咖啡豆；无底滤杯；含有罗布斯塔豆种；9 巴压力泵

※ 萃取的测量
Extraction Measurement

2008 年，文森 · 菲德勒（Vince Fedele）研发了一台可以测量咖啡冲煮强度的咖啡浓度分析仪。通过了解咖啡的冲煮强度、咖啡粉的重量和咖啡的重量，咖啡师便能计算出萃取率。这些数据都非常具有实操指导意义，因为萃取率和咖啡风味密切相关。

咖啡浓度分析仪让咖啡师获取可验证的客观萃取率，据此调整咖啡的冲煮参数。例如，一位咖啡师通常偏好做出的意式浓缩咖啡的总溶解固体含量 (TDS) 为 12%，萃取率为 19%。当面对不熟悉的环境时，比如启用一台新的意式浓缩咖啡机，或刚更换了新的磨刀盘，或使用一款未经尝试的混拼咖啡豆，咖啡师可以借助浓度分析仪快速获悉需要做什么改变，以做出一杯有理想参数和风味的咖啡。如果没有浓度分析仪，咖啡师就必须通过更耗时、更浪费咖啡的试错过程来找出制作最佳意式浓缩咖啡的方法。

使用咖啡浓度分析仪也可以帮助咖啡师：

- 学会实现更稳定的冲煮强度和萃取率。
- 确定新的磨刀盘是否已经磨合完毕。
- 评估各种冲煮参数变化所产生的影响。
- 更快地熟悉新的咖啡豆，上手新设备。

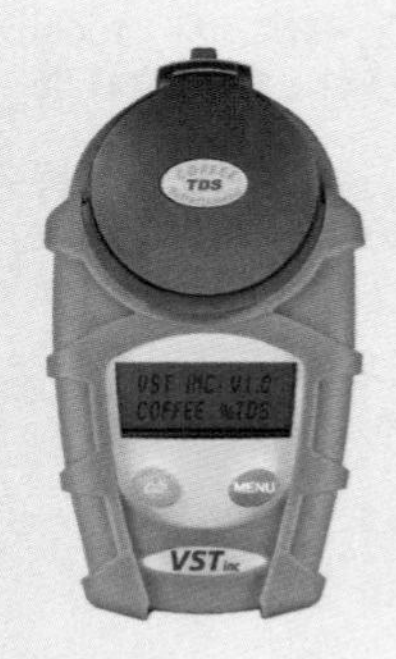

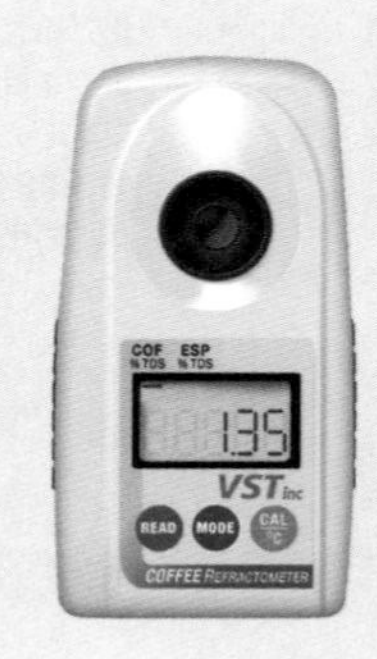

咖啡浓度分析仪：
标准款与实验室款

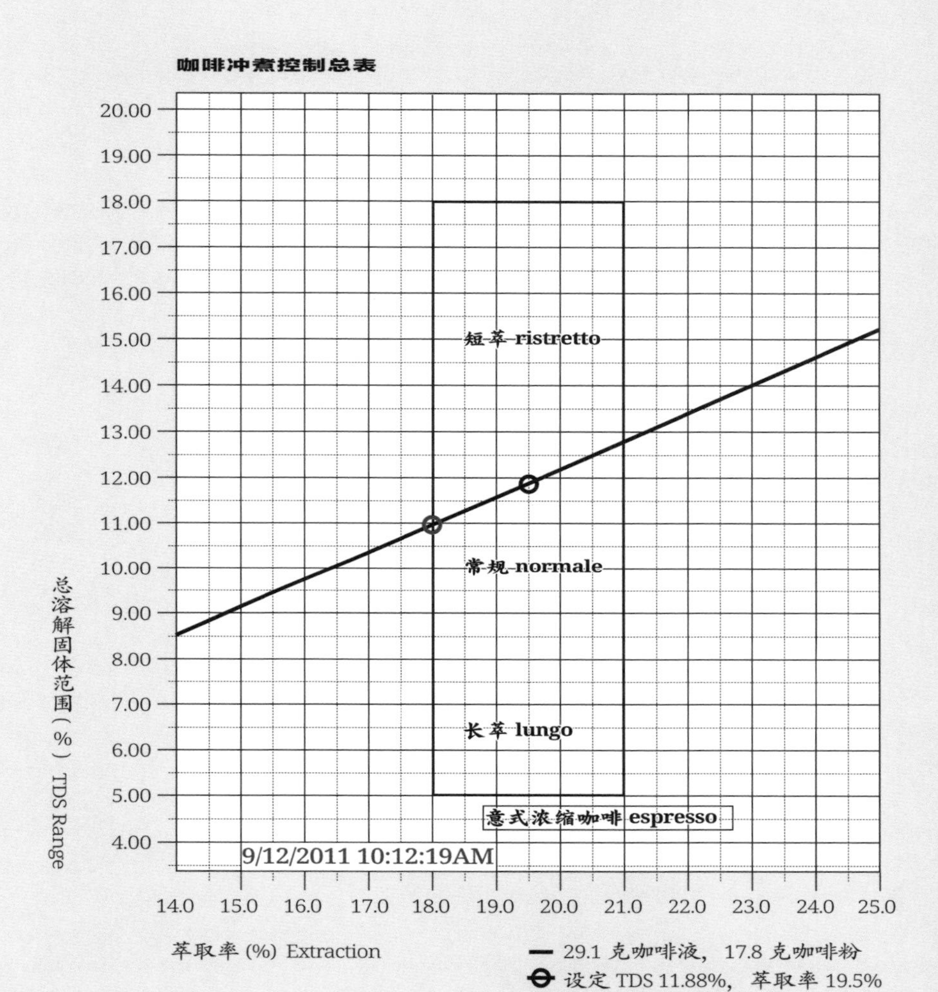

上图中所示的饮品的萃取率和冲煮强度都低于预期。
因此，咖啡师应该把咖啡粉磨得更细，然后再制作一杯。如果使用相似的水粉比，更细地研磨将增加萃取率和冲煮强度。

※04 牛奶

MILK

※ 蒸牛奶
Milk Steaming

牛奶是大多数意式浓缩咖啡饮品中的“主角”。因此，除了考究意式浓缩咖啡的萃取，牛奶的制备同样值得被关注。

就像甄选咖啡的烘焙一样，选择牛奶的供货商也应该基于质量和盲品测试。冷牛奶、起泡后的牛奶、加或不加浓缩咖啡的牛奶样品都应该品尝。

咖啡师应该意识到，由于天气和奶牛饮食的变化，来自任何供货商的牛奶质量在全年都有波动。有些年，我不得不按季节更换供货商，因为一个供货商的牛奶在冬天更优质，而另一个供货商的牛奶在夏天更出色。

蒸煮牛奶的目标

以下应该是咖啡师蒸煮牛奶时的基本目标。

- 只倒当前饮品所需的牛奶量。
- 让牛奶在蒸煮时产生紧密的微气泡结构：表面光滑，没有可见的气泡。
- 将牛奶加热至 150 ～ 160°F(66 ～ 71°C)。
- 提前计划好，这样蒸牛奶和萃取浓缩咖啡这两个步骤可以同时完成。

· 在分层前将饮品上桌！

牛奶的分层

一杯卡布奇诺或拿铁在牛奶与奶泡分层前的口感要远远优于被搁置一两分钟后的口感。真是罪过。让一杯饮品在饮用之前被放置一段时间并产生牛奶的分层情况，就像让一杯意式浓缩咖啡在喝掉之前被久置一样。在各种情况下，饮品的状态都是不稳定的，如果不及时饮用或者上桌，其质量就会下降。虽然不能保证顾客会在新鲜的饮品上桌后立即饮用，但咖啡师的目标应该是以理想的状态呈现每一杯饮品。

有三个步骤可以帮助确保以牛奶为基础的饮品能维持绵密持久的口感。

① **蒸奶。蒸牛奶必须要达到紧实绵密的微气泡结构状态。明显的气泡、过度加热和过度蒸煮的牛奶都可能降低饮品的口感。**

② **倒奶。以适当的力量和流量倒奶，熟练地使用“匙形法”有助于延迟分层。**

③ **服务。饮品做好后立即呈上。**

如何蒸牛奶

选择能容纳所需奶量的最小的拉花缸。一个好的经验法则是，在蒸之前，拉花缸内应该是⅓ ~ ½ 左右满。

① 将蒸汽棒在湿抹布或滴水盘中喷气，清除蒸汽棒中的冷凝水。

② 把蒸汽棒的顶端插入牛奶中，靠近中心的位置。蒸汽棒应该倾斜大约 10° ～ 30°。
③ 打开蒸汽棒至满档，或接近满档，释压，这取决于要蒸的牛奶的量。当蒸非常少量的牛奶时，如制作咖啡玛奇朵，不需要太大的压力。
④ 立即开始拉伸和起奶沫阶段，并在牛奶温度达到 100°F(38°C) 之前完成。一旦牛奶加热到 100°F(38°C) 以上，就很难产生高质量的奶沫。
⑤ 拉伸的时候，保持蒸汽头刚好在牛奶表面以下，小心地给牛奶充气，不要形成任何可见的气泡。充气时应发出一致的、细微的吸气声。
⑥ 当达到所需的拉伸程度时，抬起拉花缸使蒸汽棒下沉，在牛奶里浸得更深。静置蒸汽棒，让牛奶一直浮动，直到接近你想要的温度。
⑦ 关掉蒸汽棒，移开拉花缸，用湿抹布擦拭蒸汽棒，并小心地将蒸汽棒在抹布里释放蒸汽。

请注意：一些蒸汽棒的顶端或因为非常高的锅炉压力，在给牛奶的表面充气时，会很快导致过度起泡。在这种情况下，咖啡师可以用蒸汽棒向牛奶更深处充气，用分压蒸汽，或降低压力设置。

不同饮品中牛奶的质地

为了便于讨论，我想借助一些饮品配方来展开说明。这里提及的饮品都是经典的意大利风格，6 盎司到 8 盎司的宽口陶瓷杯，基底是 1 ～ 1½ 盎司的意式浓缩咖啡。

- 卡布奇诺：含有大量奶沫。奶沫的体量应该能达到这样一种情况，即如果让饮料完全分层，用勺子可以把奶沫推开，奶沫大约 ½ 英寸深。（这是一个估计，会根据杯口的直径而变化。）
- 拿铁咖啡：含有适量奶沫。分层后的奶沫厚度约为 ¼ 英寸。
- 馥芮白咖啡：含有少量的奶沫。咖啡顶层应该只有一层薄薄的奶沫。

整理蒸奶

没有哪位咖啡师能保证为每一杯饮品蒸煮的牛奶都是完美的。如果牛奶的充气不足，除了快速蒸一杯新的牛奶外，没有什么可以弥补。然而，如果牛奶是过度充气，则可以通过整理，以获得所需的质地。

为了确定牛奶是否已适当充气，将蒸牛奶的拉花缸放在吧台上，晃动牛奶。晃动是指方向一致打圈晃动。晃动的速度要快到能让牛奶贴着拉花缸壁均匀搅动，但又要防止形成可见的大泡沫，所以要控制速度不能过快。牛奶充气越足，晃动起来就感到越黏稠。

如果牛奶过度充气，可以撇去一些顶层的奶沫。整理时，用一个大勺子撇去奶沫的部分表层。撇奶沫的时候应该让勺子的勺头露出来高于奶沫，以避免舀到更深的奶沫。表面应尽量刮得均匀。整理后，晃动牛奶以评估其质地，如果有必要，重复整理和晃动，直到达到所需的奶沫量。整个整理过程应

[右页图] 卡布奇诺的奶沫应该是深厚绵密的。把奶沫推到一边时，应当看不到单独一层未被充气的牛奶层。

该在几秒钟内完成。

晃动也可以用来延迟牛奶分层。有效的晃动速度要快到足以使牛奶表面保持平滑，但又不能快到导致新的气泡形成或牛奶溢洒。

咖啡萃取和蒸牛奶的配合

蒸牛奶和咖啡萃取应该齐头并进，以确保蒸牛奶早于咖啡萃取几秒钟完成。意式浓缩咖啡在萃取完成后即可与牛奶混合，但关闭蒸汽棒后，牛奶需要大约 5 秒钟才能定型。而重要的牛奶整理步骤都应该在这短暂的几秒钟内完成。

如果牛奶整理后，咖啡萃取仍然还没有完成，则应晃动牛奶以延迟分离。无论如何，都不能依赖晃动牛奶的做法来弥补时间差。因为即使是晃动牛奶，它的质地也会随着时间的推移而改变甚至是出现塌陷，所以牛奶应该总是在蒸后 30 秒内倒出来。

[左页图] 一杯制成后放置了 2 分钟的拿铁咖啡。这时候奶沫和牛奶已经完全分层。

※ 倒奶
Milk Pouring

我将讨论两种倒牛奶的方法：自由倒法和勺子倒法。每种方法都有优点和缺点，而每种做法都应该是咖啡师的必备技能。

自由倒法

自由倒法是目前使用的主要方法。它包括在一个有壶口的拉花缸中蒸牛奶，然后直接将充气后有质感的牛奶倒入意式浓缩咖啡中。倒牛奶的速度应该控制得足够慢，以保持咖啡油脂层的完整性，但也要足够快，以防止牛奶在拉花缸中与奶沫分层。有壶口的拉花缸是很常用的，因为它可以控制牛奶流向，更易创造拉花艺术。

如何制作拿铁拉花

要制作咖啡拉花，你必须要有一杯新鲜萃取的有适量油脂层的意式浓缩咖啡和质感尚好的蒸煮过的牛奶。牛奶应该具有绵密而平滑的外观，没有明显的气泡。

初学者最常犯的错误是，倒牛奶的速度太慢，或者在倒牛奶的时候拉花缸离开饮品的表面。倒牛奶的速度太慢会导致牛奶和奶沫在拉花缸中分离，导致含有较少奶沫的牛奶被倒进饮品中，而更多奶沫被留在拉花缸中。这使得咖啡拉花很困难，也使饮品的口感受到影响。如果倒牛奶的时候将拉花缸从饮品表面抬起，从高的位置倒入牛奶，会导致牛奶冲入咖啡油脂层下面，而不是停留在咖啡油脂层上面，从而无法勾勒出一个完整的拉花设计。

勺子倒法

勺子倒法在新西兰很常见，但我目前还没有在其他地方看到

①

自由倒法①—⑥

首先把牛奶倒入咖啡油脂层的中间位置。倒入的速度要足够快，以防止牛奶和奶沫在拉花缸里分层；又要足够慢，以防破坏咖啡油脂层的完整性。

②

在整个倒入过程中保持匀速的、适度的流量。为了做到这一点，你必须随着奶量的减少而加大拉花缸的倾斜角度。

③

当出现如云朵般的白色的奶沫时，来回轻摇拉花缸。

④

继续摇动拉花缸，创造出锯齿形的图案。非常关键的一点是，要控制想要把拉花缸抬起远离饮品表面的冲动。这可能是违反直觉的，但在倒的过程中保持拉花缸尽可能低，尽可能靠近饮品表面，不断加大拉花缸的倾斜角度，保持匀速倒入。

⑤

做锯齿形图案的时候，逐渐将拉花缸向杯口边缘移动。当快要到达杯口的时候，把拉花缸提起几英寸，把一小股牛奶穿过锯齿图案的中间推向杯口的另一边。

⑥

完成！

※ 倒牛奶时举高拉花缸会因为重力使得牛奶和奶沫沉入咖啡油脂层下，从而无法完成咖啡拉花。举起拉花缸倒牛奶就像从高台跳水一样：牛奶直接注入杯底，几乎没有惊动咖啡油脂层，就像跳水运动员穿过水面，几乎没有激起一丝涟漪，深深地沉入水中。另一方面，用有壶口的拉花缸贴着饮品的表面倒牛奶，牛奶在饮品的表面停留擦过，就像跳水员从水面滑过一样，水面上会留下波纹和涟漪。

勺子倒法

开始的时候用一把大勺子来严格控制牛奶的注入量。仅注入较少奶沫的牛奶。以均匀的速度倒入牛奶，尽可能小心，让咖啡油脂层保持完整性。

当杯子即将被灌满时，使用勺子将含有较多奶沫的牛奶和奶沫推入杯中，停留在饮料的表层。

当杯内的饮品接近三分之一至二分之一满杯的时候，移开勺子。

③

收尾时，可以用一股牛奶细流沿着饮品表面的中间线反向穿过，来勾勒一颗白色的爱心；或者保持拉花缸位置不动，倒出所有奶沫和牛奶，呈现深色咖啡油脂层在白色奶沫上打圈的拉花图案。

④

过这种做法。勺子倒法的好处包括延迟奶沫在饮品中的分层，在倒牛奶时可以控制牛奶的质地。勺子倒法的缺点是，它比自由倒法要花更长的时间，需要双手齐开工，而且更难掌握。

勺子倒法最适用于圆弧钟形拉花缸或带有斜面边缘的拉花缸。宽口的钟形拉花缸在倒牛奶时提供了一个更全的视角来即时检查牛奶的质地，并更易于勺子的放置和控制。

使用勺子倒法时，先蒸煮牛奶，必要时整理一下牛奶的表面，倒牛奶的时候勺子就仿佛是阀门，用勺子控制牛奶的流量和质地。每种饮品的细节都不一样，但基本原理是一样的。

① 开始倒牛奶时，用勺子严格控制牛奶的密度，倒出牛奶，留下奶沫。一些咖啡师在开始倒奶之前，会用勺子将奶沫回拉几次（远离壶口）。
② 以适中的速度倒入浓缩咖啡中心，防止破坏咖啡油脂层。
③ 倒牛奶时，慢慢提起勺子，让含有奶沫的牛奶逐渐倒入杯子。
④ 完成后的饮料表面应该是平滑如玻璃状的，如果需要，可以绘上拉花图案。

蒸奶、整理、倒奶这些步骤如果使用钟形拉花缸，步骤和操作感受都会有所不同。所以即使是身经百战的咖啡师也需要反复练习，耐心体会，而咖啡大师则应该精通钟形拉花缸和勺子倒法。

※ **搅拌拿铁咖啡的新西兰人**

几年前，我去了新西兰惠灵顿的一家咖啡馆，点了一杯小杯拿铁咖啡。第一口的浅尝风味比我喝过的任何拿铁咖啡都要柔和醇厚，最后一口的味道也几乎与第一口的味道一样。通常拿铁咖啡刚开始喝的时候口味强劲且锋芒十足，因为大部分的咖啡油脂层都在饮品的上半部分，喝到最后因为与牛奶的充分混合，咖啡的风味会被削弱。不管这杯饮品有什么特别之处，它让我立刻想再喝一杯。这次我看着咖啡师戴夫为我制作。

勺子倒法的变化

卡布奇诺：准备好充分蒸煮的丰盈绵密的牛奶。如何知道牛奶的质地已经准备就绪？当旋转拉花缸时，牛奶似乎会“黏”在缸壁上。先把奶沫最少的牛奶倒入意式浓缩咖啡中，这个时候用勺子挡住牛奶表层最轻盈的奶沫部分。当杯子的三分之一被灌满的时候，慢慢抬起勺子，逐渐倒入含奶沫的牛奶。当杯子的三分之二被灌满的时候，移开勺子，让剩余奶沫灌入。在完成前，用勺子将全部的奶沫推到饮品中。饮品的表面应该像皇冠一样高于杯子的边缘，在饮品的表面，牛奶从浓缩咖啡液的中央被倒入后逐渐泛开白色的涟漪，最后出现一个靠近杯子边缘的深色圆圈，圈内是平滑的白色奶沫。

拿铁咖啡：准备好中度蒸煮的牛奶。牛奶应该明显比冷的时候更黏稠，但旋转它时应该几乎没有阻力（也就是说，它不应该黏在拉花缸的壁上）。用勺子把表面较轻的奶沫挡住，然后开始倒入。倒牛奶的时候慢慢举起勺子，让更多的奶沫灌入饮品，同时把拉花缸抬高几英寸。在最后完成阶段，放低拉花缸，拿开勺子或者勺子只阻挡最表层的奶沫。通过练习，边倒入牛奶边完成饮品表面的拉花应该不会太难。

馥芮白咖啡：准备好稍加蒸煮的牛奶。牛奶应该只比蒸煮前稍微黏稠一点。用勺子挡住所有的奶沫，以稳定的速度倒入咖啡的中心，注意不要破坏咖

首先，他把浓缩咖啡打进杯子里，在一个有壶口的拉花缸里蒸煮牛奶。然后，他用勺子，严格控制牛奶和奶沫的倒入，将一盎司左右的牛奶（非奶沫）倒入杯中。接着，他拿起勺子，轻轻地搅拌浓缩咖啡和牛奶的混合物。最后，他随意地轻旋拉花缸，自由地倒入剩下的牛奶和奶沫。咖啡表面的拉花装饰非常美丽，这杯拿铁的味道和第一杯一样好。

我和戴夫聊了很久，了解到他总是会搅拌意式浓缩咖啡和牛奶，因为他认为这样可以让咖啡的风味更均匀地分布在整杯饮品中。

啡油脂层。在完成前的最后一刻举起勺子，这样饮品的表层就会有一层薄薄的奶沫层。传统上来说，馥芮白咖啡的表面是深色的，中间有一个白色的圆点，不过有些咖啡师会在他们的馥芮白咖啡表面做一些图案设计。

在意式浓缩咖啡中倒入1盎司左右的稍加蒸煮的牛奶，柔和搅拌。

为什么要用勺子倒法？

我发现用勺子倒法制作的饮品在分层前质感能保持更长时间。我不确定这是为什么。可能一开始只倒入奶沫最少的牛奶和意式浓缩咖啡混合，然后逐渐增加含奶沫的牛奶，饮品可以更好地实现质地的分布，“容纳”新的奶沫。根据我的经验，如果太快灌入过多的含有奶沫的牛奶，饮品就无法与新的奶沫更好地融合，最终奶沫会堆积在饮品上面，而不是和整体混合在一起。例如，如果这样做：首先将最丰盈的奶沫灌入饮品中，然后控制倒入速度，逐渐倒入奶沫含量较少的牛奶。一开始倒入的奶沫将不能很好地与意式浓缩咖啡混合在一起，甚至阻碍了后续倒入的牛奶与咖啡的融合，这杯饮品的口感就永远无法完全融合。

用自由倒法完成多杯饮料：牛奶分用

如果一位咖啡师计划用自由倒奶的方式来制作几杯饮料，从一个大的拉花缸中一杯接一杯地倒入蒸煮过的牛奶，那每一杯能用的牛奶的奶沫含量都会比前一杯更少。为了给每一杯饮品提供所需的牛奶，咖啡师应该“分用牛奶”。

为了分用牛奶，咖啡师需要在一个拉花缸里蒸煮奶沫足够多的牛奶，以满足所有正在制作的饮品的累积需求。它需要练习，以精准估计制作多杯饮料时如何蒸煮大量的牛奶。如果有疑问，咖啡师应该尽量多蒸煮一会儿牛奶以获得略多一些的奶沫，因为多出的泡沫可以通过整理去除。

大拉花缸里的牛奶一旦蒸煮好，就需要在大拉花缸和第二个拉花缸里来回多次“交换”。倾倒时，最先流出的总是最上层、奶沫最丰富的牛奶。这意味着第二个拉花缸里被倒入的牛奶的奶沫含量会高，而原来大拉花缸中倒出牛奶后奶沫含量会变低。咖啡师应该等到大拉花缸里的牛奶达到制作下一杯饮品所需牛奶的黏性时停止牛奶分用。

为了阐明如何用自由倒法来分用牛奶，我用制作一杯 7 盎司的卡布奇诺和一杯 7 盎司的拿铁咖啡来演示。

① 选用一个 20 盎司的锥形拉花缸，将牛奶灌满至壶口底部以下 ¼ ~ ½ 英寸处。
② 打开磨豆机。
③ 一边研磨，一边倒空和擦净两个冲煮手柄。
④ 清理两个萃取组件，重新嵌上一个冲煮手柄，同时准备另一组萃取组件。
⑤ 将准备好的冲煮手柄嵌入到其萃取组件上。打开磨豆机，取出并准备第二个冲煮手柄。
⑥ 同时萃取 2 份咖啡。
⑦ 将牛奶蒸煮至低于拉花缸边缘约 1½ 英寸处。
⑧ 向一个 20 盎司的空拉花缸中倒入大约 ⅓ 满的牛奶。
⑨ 在原来的拉花缸中旋转剩余的牛奶；牛奶应该有卡布奇诺所需牛奶的黏稠度。如果没有的话，在拉花缸之间交换倾倒牛奶，直到牛奶足够黏稠。
⑩ 用原来的拉花缸中的牛奶先来完成卡布奇诺；总是先制作奶沫丰富的饮品，后制作奶沫较稀薄的饮品。
⑪ 卡布奇诺上桌。
⑫ 将剩余的牛奶和奶沫倒入第二个拉花缸中。混合的牛奶与奶沫的体积和黏度应该正适合拿铁咖啡。如果奶沫太

多，在倒牛奶之前整理一下；如果奶沫不够多，再蒸煮一缸牛奶。

⑬ 完成拿铁咖啡制作，上桌。

用勺子倒法来制作多杯饮品

当用勺子倒法来制作多杯饮品时，未必需要在不同拉花缸中分用牛奶。分用牛奶是为了在倒入饮品前能控制牛奶和奶沫的丰盈程度，如果用勺子倒法，那咖啡师就可以通过勺子来控制。

为了阐明如何通过勺子倒法用一个拉花缸来制作多款饮品，我将演示如何制作 2 杯同为 7 盎司的饮品，前提是 2 份咖啡萃取液已经都在杯中准备就绪，牛奶也已经在一只 25 盎司的钟形拉花缸中蒸煮完毕。

① 制作卡布奇诺，勺子像门一样挡住奶沫，然后缓缓提起勺子，让奶沫逐渐倒出。与只做一杯卡布奇诺相比，在倒多杯饮品时，拉花缸里额外的奶沫和牛奶量需要通过控制勺子的位置来实现更严格的控制，咖啡师在倒咖啡时需要适应这种操作。

② 上桌第一杯卡布奇诺。

③ 轻旋拉花缸，剩余的牛奶应该具备适宜制作拿铁咖啡的体积和黏稠度。如果奶沫太多，则需要整理去除一些奶沫，或者用勺子在倒入牛奶时控制倒入的奶沫量，确保拿铁咖啡的口感和品质。

④ 完成拿铁咖啡制作，上桌。

※ 如何分用牛奶
How to Milk-Share

①

将大约三分之一的牛奶从大拉花缸转移到小拉花缸中。

②

旋转大拉花缸，在制作饮品前，检查牛奶和奶沫的质感和黏稠度。

③

④

⑤

自由倒入大拉花缸中的牛奶来完成卡布奇诺。

⑥

将剩余的牛奶和奶沫与小拉花缸中的牛奶融合。

⑦

旋转小拉花缸中的牛奶。如有需要，先整理一下牛奶和奶沫。

⑧

⑨

⑩

倒入牛奶，完成拿铁咖啡。

※ 如何用勺子倒法来完成多杯饮品的制作
How to Pour Multiple Beverages Using the Spoon Method

当用一个拉花缸里的牛奶来制作多款饮品时，另一种选择是用勺子控制奶沫的多少。先将每个杯子装满约三分之一杯的牛奶，然后按照奶沫的丰盈程度由高到低的顺序制作完成所有饮品。当一次需制备两种以上的饮品时，这是一个特别有用的技巧。

①

②

③

① 将小部分含较少奶沫的牛奶倒入咖啡萃取液中，用勺子来严格控制牛奶的倒入。加入牛奶可以阻止或减缓浓缩咖啡的氧化过程，为完美制作 2 杯饮品争取时间。
②③ 用勺子倒法来制作另一杯卡布奇诺。

用一个拉花缸的牛奶来完成最多 4 杯饮品

我曾目睹咖啡师用一缸牛奶，通过分用牛奶制作多达 4 杯饮品，就像我的朋友乔恩 · 刘易斯在 2006 年美国咖啡师冠军赛总决赛上做的那样。使用勺子倒法，可以较容易地为 4 杯饮品先倒出一部分所需的牛奶，然后根据奶沫的多少分别依次完成每一杯饮品的制作，从奶沫含量最高的饮品开始制作，直到奶沫含量最低的饮品。

然而，如果用自由倒法，在制作完成前三杯饮品之前，必须在两个拉花缸之间交换倾倒牛奶。如果咖啡师计划得当，第 3 杯饮品制作完成后剩下的牛奶和奶沫的体积和黏稠度会符合第 4 杯饮品的制作需求。

⑤

⑥

④ 用勺子倒法来完成拿铁咖啡。如果第一步已经倒入了足够多的牛奶，则此时未必还需要用勺子来控制倒入。
⑤⑥ 通过练习，咖啡师可以用圆形拉花缸来创作拉花艺术。

※05 咖啡师系统

BARISTA SYSTEMS

※ 提效工具
Efficiency Enhancement Tools

忙碌的咖啡馆别无选择，必须找到比一次只做一种饮料更有效的策略。重要的是，要训练咖啡师在不牺牲品质的前提下最大限度地提高效率。

用可编程定时器控制你的磨豆机

用可编程定时器控制磨豆机有诸多好处。计时器保证了咖啡粉量的一致性，能减少浪费，让咖啡师在磨豆机运行时有机会处理其他事务，从一杯到另一杯意式浓缩咖啡，从一位到另一位经手的咖啡师，确保咖啡出品质量的稳定性。

购买计时器时，我建议您选择一个可调节的，以十分之一秒或更少的单位为变量，无限可调性是最好的。无论你选择什么款式的定时器，请首先确认它与你的磨豆机的电压和安培数兼容。

使用温度计

大多数咖啡师避免使用温度计，但他们不应该这样做。大多数咖啡师使用的“触摸法”产生的问题是不一致性，不同的咖啡师使用的方法不一致会导致出品的不稳定。甚至出自一个咖啡师之手的产品随着时间的推移也会不一致，尤其是当他或她的手指在反复接触拉花缸之后，其热敏感性会下降。解决办法是购买高质量的温度计，每周重新校准，并学会正确使用它们。正确使用意味着咖啡师在蒸奶时必须预料到温度计的读数。我们都知道温度计测量温度有滞后，但这是可预测的滞后。要知道不同量的牛奶会有什么程度的温度延迟并不难，只需要当温度计显示的温度比目标温度低一定程度时，关掉蒸汽棒就可以了。例如，对于 10 盎司的牛奶，早 10°F(或 6°C) 关掉蒸汽；对于 20 盎司的牛奶，早 15°F(或 3°C) 关掉蒸汽，如此种种。

为什么这么多咖啡师认为他们比校准过的温度计更精准，这对我来说是个谜。所有的咖啡师都应该记住，我们的目标是创造出稳定的、高质量的出品，为了拥有最好的技巧，需要使用一些被视为拐杖般的辅助性工具。就像音乐会的小提琴手不会仅仅依赖自己的听力，还要用音叉调音一样，咖啡师在蒸奶的时候，除了用触觉和听觉来判断温度，还应该用温度计。每个咖啡馆都应该决定其出品的标准温度，并培训咖啡师使用温度计来确保出品温度的一致性。

不喜欢使用温度计的咖啡师应该考虑自我测试，蒸几缸牛奶，用触摸法来判断温度，然后用校准过的温度计测量牛奶的温度以知晓差距。他们应该在非常繁忙且处理多项任务时完成这个自我测试，看看他们在一心多用时是否会变得不准确。如果咖啡师的自我测试结果显示与温度计测试不同，也许他或她会考虑使用温度计。

为了减少使用温度计的负担，咖啡师可以使用我从朋友布兰特那里学到的一个技巧：用钳子把拉花缸边缘的一小部分向着奶缸中间掰弯。在弯曲的部分，钻一个刚好能容纳温度计杆的洞。这种设置消除了温度计夹的需要，并将温度计放在一个方便的地方。布兰特在新泽西州普林斯顿经营着“咖啡小世界”（Small World Coffee）。

准备一个拉花缸的放置台

对一些咖啡师来说，这是一种亵渎，但我认为，咖啡师在倒入牛奶阶段将拉花缸握在手中，然后其他时间将拉花缸放在平台上让牛奶继续蒸煮是可以接受的。另外，拉花缸全程被放置在一个平台上进行牛奶打发和蒸煮也是可以的，尽管这种方式更难获得完美的成品。

非手握蒸奶效果很好，但需要练习，而且会放大咖啡师注意力不集中、出品不一致的问题。如果做得很好，结果应该与咖啡师手握拉花缸蒸奶无异。

对于一些意式浓缩咖啡机，滴水盘的位置很好，可以作为一个拉花缸平台，而对于其他咖啡机，最好有一个沉重的、可移动的平台，可以很容易地滑进或离开蒸汽棒下面的位置。

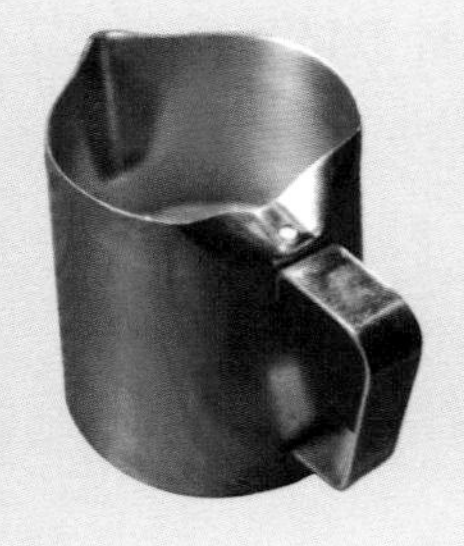

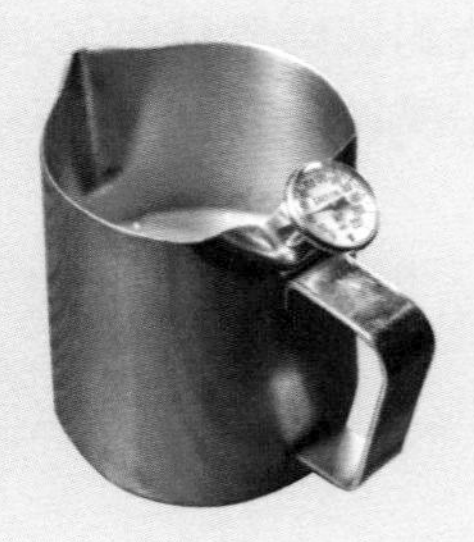

拉花缸把手上方，向着奶缸中间折弯一小部分边缘，在折弯的部分，钻一个刚好能容纳温度计杆的小洞。

拉花缸的平台应该足够重却能轻松移开。当蒸汽棒完全垂直时，平台的高度应该刚好足够使蒸汽棒的尖端高出拉花缸底部约 ½ 英寸。

※ 工作流程
Workflow

繁忙的咖啡馆需要实行高效的运作体系，确保同时出品多款饮品。这样的体系应该是有组织的，但要足够灵活，以适应一位或数位咖啡师的工作。最重要的是，体系的设计应该在不影响质量的前提下优化效率。

一名咖啡师的高效工作流程

利用前面描述的经验，我想概述只有一名咖啡师时的一套高效工作流程。在这个例子中，一杯 6 盎司的卡布奇诺和两杯 8 盎司的拿铁咖啡将使用自由倒奶和分用牛奶的方式被制成。

① 开启计时器研磨第一份咖啡。
② 在 32 盎司的锥形拉花缸中倒入牛奶，奶量高度低于壶嘴底部 ½ 英寸。
③ 取下一个冲煮手柄，敲打，清洁组件，擦拭粉碗，注入咖啡粉。
④ 当所有咖啡粉被填入后，再次开启研磨计时器。
⑤ 完成第一个冲煮手柄的饰粉和压粉。
⑥ 嵌上第一个冲煮手柄，取下第二个冲煮手柄，清洁组件。
⑦ 敲打第二个冲煮把手，擦拭，注入咖啡粉，饰粉及压粉。
⑧ 嵌上第二个冲煮手柄，将 1 只拿铁咖啡杯和 1 只卡布奇

诺咖啡杯放置到两个冲煮把手下方。

⑨ 两只冲煮把手同时开始萃取。

⑩ 清洁蒸汽棒，准备开始蒸奶。

⑪ 一旦奶泡打发完成，把拉花缸放置在平台上。

⑫ 重新启动计时器。

⑬ 取下第三个冲煮手柄，敲打，擦拭。

⑭ 完成第三个冲煮手柄的注粉，饰粉，压粉。

⑮ 当前两份咖啡萃取完成，停止萃取，清洁第三套组件。

⑯ 嵌入第三个冲煮手柄，把一只干净的拿铁咖啡杯放到冲煮把手下方，开始萃取。

⑰ 把前两杯咖啡放到吧台上。

⑱ 当到达理想温度时，关闭蒸汽棒。擦拭，清洁蒸汽棒。

⑲ 将主拉花缸中的牛奶，倒二分之一至三分之一进入 20 盎司的分装拉花缸，来回倒入，直到分装拉花缸中的牛奶和奶沫具有适合卡布奇诺的黏度和厚度。

⑳ 倒入牛奶，制成卡布奇诺。即刻出品。

将主拉花缸中剩余的牛奶均匀分给分装拉花缸，直到两个拉花缸中的牛奶和奶沫具有相同的容积和黏度。

倒入牛奶，制成第一杯拿铁咖啡。即刻出品。

第三个冲煮手柄萃取完毕后停止萃取。

将第三杯咖啡放到吧台上。

倒入牛奶，制成第二杯拿铁咖啡。即刻出品。

通过练习，一位技艺娴熟的咖啡师将会习惯同时进行蒸奶、研磨，以及观察萃取进度。我建议咖啡师在不牺牲品质的情况下尽可能高频高效地练习和工作，随着时间的推移能变得更有效率。

两名咖啡师的高效工作流程

忙碌的咖啡馆经常需要两名咖啡师一起操作意式浓缩咖啡机。这使得饮品出品速度更快，但会出现合作问题。一般来说，一名咖啡师应该负责萃取，另一名应该负责蒸奶和完成饮品。在蒸汽棒这一侧的负责蒸奶的咖啡师的工作更困难，应该成为两人组的“领导”，指导流程并做出决定。负责咖啡萃取的咖啡师应该提供给负责蒸奶的咖啡师要求的咖啡，并要注意确保每一杯饮品中的咖啡是正确的。如果一名咖啡师的进度落后了，他或她应该向另一位咖啡师寻求帮助，这样他们就能保持协调。例如，如果蒸奶的咖啡师落后了几杯咖啡，他或她应该让其他咖啡师用拉花缸蒸一缸牛奶，并在可能的情况下完成一杯饮品，以防止任何浓缩咖啡的氧化。当他们的任务再次同步时，两个咖啡师可以恢复到原来的角色。

这只是一个可能的体系框架。当然，有经验的咖啡师可以适应灵活的体系，但最好有一个默认的分工，以防混淆。

※06 滴滤咖啡 DRIP COFFEE

※ 关于新鲜 Freshness

在世界各地，由于各种各样的原因，滴滤咖啡声名狼藉。许多地方的咖啡馆都供应寡淡而苦涩的滴滤咖啡，这种咖啡似乎永远都被放在炉子上或保温壶里。许多“精品”咖啡零售商会犯这样的错误：同时供应多种咖啡，变相导致每款咖啡的缓慢销售和不新鲜，以及不温不火的市场反响。

具有讽刺意味的是，一个消费者在家里用一台 20 美元的家用咖啡机冲煮出的咖啡，比起他或她从咖啡零售商那里喝到的用一台 3000 美元的专业咖啡机冲煮出的咖啡，口感更好，花销更低。至少家里每次现做的咖啡都是新鲜的。

为了改善所供应的滴滤咖啡的品质，咖啡馆能做的最简单的事情就是确保供应的滴滤咖啡总是新鲜的。这里有一些简单的方法来确保供应新鲜的咖啡。

- 不管你的咖啡馆有多繁忙，不要在同一时间冲泡超过一种咖啡种类。
- 在消耗缓慢的前提之下，每次尽量冲泡最少的量。
- 培训员工养成好习惯，只在有需要时才冲泡新的咖啡，而不是每当备用咖啡壶或保温壶空了就自动冲泡。
- 如果你目前使用的是玻璃壶或非绝缘金属壶，请更换成封闭的保温壶。

- 即使已经达成了以上所有的事项，你仍然需要制订一个严格的保鲜期，在过了保鲜期后必须把咖啡倒进下水道。在我看来，如果将煮好后放置超过 30 分钟的咖啡供应给一位支付了 2 ~ 3 美元的顾客，这是莫大的怠慢与不尊重。如果你质疑倒掉不新鲜的咖啡是浪费，是不值得的。想象一下，如果一家餐厅经常供应陈年或不新鲜的食物，这家餐厅是否还会成功呢？如果你仍然不为所动，觉得倒掉是不值得的，那就“以身试法”，在接下来的几个星期里只喝放置了一小时以上的“老”咖啡来体验一下消费者的感受。如果你仍然觉得不值得，那恐怕你入错行了。
- 培训员工把旧咖啡倒掉，而不是犹豫不决地认为这是在“浪费”咖啡。这可能会是一个很好的卖点，让顾客知道你不惜倒掉了多少咖啡，以保证顾客口中每一口的新鲜。

随着时间的推移，这些对新鲜度标准的坚持会以增加的销量来回报咖啡馆。更多的销售，更快的周转，反过来也会使得更少的咖啡被浪费。所以坚持新鲜，是开启正循环的第一步。

滴滤咖啡的冲泡标准

在 20 世纪 50 年代和 60 年代，咖啡冲泡协会 [Coffee Brewing Institute，后来的咖啡冲泡中心 (Coffee Brewing Center)] 制订了滴滤咖啡冲煮标准，一直沿用至今。我试图找到咖啡冲泡中心的原版出版物，但可惜失败了。因此，以下标准出自咖啡冲泡中心，但资料来源为二手：

滴滤与法式滤压咖啡

水粉比	温度	总溶解固体（仅适用于滴滤咖啡）
3.75 盎司咖啡粉：64 盎司水	195 ～ 203 华氏度（91 ～ 95 摄氏度）	11,500 ～ 13,500 ppm

本章中讨论的所有咖啡冲泡情况，都假设基于这些冲泡标准。

溶解率、冲泡强度和风味概况

滴滤咖啡的冲泡强度 * 是指一杯咖啡中可溶物质的浓度。冲泡强度并不能代表咖啡风味质量，但它会影响对咖啡风味的感知。如果咖啡的冲泡强度太高，它会淹没咖啡饮用者的感官，抑制品鉴者对微妙风味的感知与察觉。

溶解率是指冲泡中可溶物的质量，以用来冲泡咖啡的咖啡粉的原始质量的百分比来表示。不同的可溶性物质溶于水的速度不同。因此，每个特定的溶解率代表了可溶固体的独特组合和独特的风味表现。如果想亲身体验其中的不同，可以通过在一次冲泡的过程中，分时间段品尝不同时刻从冲煮把手中流出的咖啡样品来感受其间的变化。

低溶解率的咖啡含有更大比例的快速溶解化合物，致使咖啡的风味往往是偏酸的，酸性较高，口感明亮，富含水果芳香。较高的溶解率使溶解较慢的化合物比例增高，一般来说，这

* 直接测量冲泡强度的标准程序是，滤除所有咖啡液体中的不可溶物质，将过滤后的液体静置，蒸发或烘干，然后称重残留的固体。残余固体与（过滤后）液体的原始重量之比即为冲泡强度。

会使咖啡风味呈现出酸度更低，而香甜感、苦甜感及焦糖风味更强。

控制溶解率和冲泡强度

溶解率和冲泡强度之间的关系令人困惑。下表概述了如何通过改变咖啡粉研磨刻度和冲煮比例来控制溶解率和冲泡强度。

方案	对溶解率的影响	对冲泡强度的影响
调细研磨刻度	增加	增加
降低水粉比	增加	如果研磨刻度设置恰当则没有影响
降低水粉比，调细研磨刻度	增加	如果研磨刻度设置恰当则没有影响
调粗研磨器刻度	降低	降低
增加水粉比	降低	增加
增加水粉比，调粗研磨器刻度	降低	如果研磨刻度设置恰当则没有影响

※ 研磨
Grinding

颗粒粗细相对均匀一致的研磨可以做出最佳的滴滤咖啡。颗粒粗细的变化太大会导致过度萃取或萃取不足。

最好的研磨设置应该是通过咖啡盲品来判断和调试，虽然也可以通过使用咖啡浓度分析仪来测量冲泡强度以辅助品鉴。如果咖啡尝起来较苦、有涩味或舌面感觉干燥，代表咖啡过度萃取，研磨太细了。如果咖啡尝起来寡淡无味或有水感，说明研磨颗粒太粗了。如果咖啡的味道既过度萃取又显得较弱，则可能是研磨机的磨刀盘较钝，需要重新打磨或更换。

除了口感测试之外，在一个冲泡流程完成后，还可以通过观察咖啡粉浸润的状态来直观地检查研磨设置。如果咖啡豆是在研磨前 3 到 7 天完成烘焙，并在冲煮前才完成研磨的，那么湿润的咖啡粉表层应该都覆盖着白色的泡沫。

- 如果粉层表面很少或没有泡沫，咖啡粉只是有点潮湿（像湿沙子），则是研磨太粗。
- 如果粉层表面有小坑又如同泥状，说明研磨太细。
- 如果能看到有干燥的咖啡粉，则说明研磨太细，咖啡粉层的表面太接近出水喷头，或出水喷头的一些孔洞被阻塞。

※ 温度 Temperature

冲泡温度应控制在 195 ~ 205°F(91 ~ 96°C)，具体取决于烘焙程度、水粉比和想要打造的风味。关于冲泡温度对萃取的影响可以做出如下概括。

- 较高的水温会增加对酸性、苦度、醇厚度和涩味的感知。[26]
- 较高的水温通常导致更浓缩的萃取，由于大多数化合物在较高的温度下会增加溶解度，意式浓缩咖啡的萃取也是如此。[21]
- 不同的水温中，各种化合物的相对溶解度会有所改变。这意味着不同的水温不仅会使累积可溶物的浓度发生变化，也会让杯中各种物质的相对溶解浓度出现变化。

※ 湍流 / 气旋 / 涡流 Turbulence

湍流的形成如同一场混沌的冲突闹剧，由咖啡粉、气体和热水相互作用，共同上演。当热水接触到咖啡粉时，咖啡粉所释放的气体引起了湍流。湍流减缓了热水在咖啡粉层中的流向和流动，延迟了咖啡粉浸润的过程，并在冲泡完成后，在浸润的咖啡粉层表面留下可见的泡沫。

在渗滤的过程中，适当的湍流是很重要的，因为它能让咖啡粉颗粒上升和分离，推动水流在咖啡粉层间均匀流动，让流速更为一致。此外，湍流可以提高萃取的均匀性，让更多的咖啡粉被“雨露均沾”。湍流的推动，能让出水喷头的水落在不断移动的咖啡颗粒上，防止水流始终倾向或固定流在某些咖啡粉区域，从而提高萃取的均匀性。太多的湍流会造成麻烦，因为它会过度减缓咖啡粉的润湿过程，导致水在咖啡粉层之间的流速非常慢，最终过度萃取。

管理湍流和管理咖啡豆的库存息息相关。举个例子，如果咖啡馆一直在用介于 4 到 6 天内烘焙的咖啡豆，那么湍流就不会是什么棘手的大问题。当同一个咖啡馆出现库存问题，不得不使用 10 多天前烘焙的咖啡豆，又或者是不到 2 天前烘焙的咖啡豆，那就必须额外费心应对非比寻常的湍流现象。

十多天前烘焙的咖啡豆产生的湍流更少，需要更细的研磨来减缓水的流速；不到两天前烘焙的咖啡豆会产生过度的湍流。在高海拔地区冲煮咖啡也会增加湍流；在高海拔地区，当热水接触到咖啡粉时，较低的气压会导致更剧烈的排气。为了弥补太多的湍流，咖啡师有三种选择。

① 使用较粗颗粒研磨的咖啡粉。

② 基于咖啡豆的情况，将咖啡豆研磨与冲泡之间的时间间隔，放宽为几小时或几分钟。许多咖啡专业人士条件反射般地认为这是一个可怕的做法，但它的效果相当于把整粒咖啡豆多放置几天。

③ 如果使用可编程的咖啡机，启用预润湿循环和预润湿延迟。无论咖啡豆是多久前烘焙的，预润湿提高了整个咖啡粉层湿润度的均匀性，并允许一些二氧化碳排出，使整体咖啡粉层的流速更相似。

※ 优化咖啡的冲泡量 Optimizing Different Batch Sizes

每种咖啡机和冲煮滤杯手柄的组合，都有最佳冲煮量的范围，这个范围的影响因素包括冲煮滤杯的直径和形状、出口喷头的设计和流速、冲煮滤杯底部排水孔的大小以及滤纸的渗透性等。最重要的因素是滤杯的直径，因为它决定了咖啡粉层的厚度，从而决定了合适的研磨颗粒设置和水粉接触时间。在其他条件相同的情况下，滤杯直径越大，冲煮量就越大。

当使用固定流速的咖啡机时，如果想要萃取出特定溶解率与冲煮强度的咖啡，咖啡粉层越厚，咖啡粉的研磨颗粒则要越粗；咖啡粉层越薄，咖啡粉的研磨颗粒则要越细。这是因为咖啡粉层越厚，对冲煮的水会产生更多的流动阻力，咖啡粉和水之间的接触（停留）时间变得更长。超出最佳组合范围的容量，需要极细研磨或极粗研磨的咖啡粉来实现所需的冲泡强度。然而，这样的极致研磨设置会导致咖啡粉与水接触时间过长或过短，最终影响风味表现。

当使用可调整出水喷头流速的更精密的咖啡机时，即使是不同厚度的咖啡粉层，也能以相同的研磨粗细度 / 研磨刻度萃取出特定的溶解率和冲泡强度的咖啡。使用这样的咖啡机，当冲煮量较小时，喷头流速须调整为较缓慢；冲煮量较大时，则将流速调整为较快。流速的设置应按照水粉接触时间而定。例如，如果冲煮半加仑的量，水粉接触时间是 4 分钟，研磨刻度需要依此而设置，冲煮 1 加仑的量，水粉接触时间为 3 分半钟，研磨刻度需要依此时间而相应调整。

事实上，并没有一个通用的标准来界定最理想的咖啡粉层厚度，但咖啡冲泡中心建议的咖啡粉层厚度为 1 到 2 英寸。经验使我赞同他们的建议。

如何冲煮较小量的咖啡

冲煮较少量的咖啡时，最好使用一个较小的、锥形的滤杯或在滤杯中加饰金属内网。这两种选择都降低了滤杯内部的平均直径，并增加了咖啡粉层的厚度，即使冲泡量很小，也可以使用研磨颗粒较粗的咖啡粉。

两个滤杯都是为适配同一台咖啡机而设计的。右边的滤杯呈锥形，以适应更少量的咖啡冲煮。

如何冲煮较大量的咖啡

想要用厚度很大的咖啡粉层冲泡出较大量的咖啡，需要为水“另辟蹊径”。直接地说，就是打开旁路阀，实际做法就是在咖啡中兑水。旁路使一部分冲煮水绕过过滤器，在不流经咖啡粉层的情况下直接稀释咖啡。使用旁路就相当于以一个非常高的水粉比例来产生一个常规的可溶性产量和非常高的冲煮强度，然后向壶中加水来降低冲煮强度。通俗地说，就是用热水稀释非常浓的咖啡。

如果要用一个非常厚的咖啡粉层来冲煮咖啡，且不通过旁路兑水，那么就需要将咖啡粉研磨设置得特别粗，才能缩短水粉接触时间防止过度萃取。然而现实是，并没有那么理想的研磨刻度，既足够细腻以实现所需的萃取强度，又恰好粗糙以防止过度萃取。

兑水的意义

在将近 12 年的时间里，我都拒绝使用兑水的手法，因为我不相信这种做法能产出优质的咖啡。直到有一天，我的朋友托尼，他在芝加哥开设大都会咖啡馆，打电话给我，说他在密歇根的一家咖啡馆喝到了非常棒的咖啡，而那家咖啡馆的咖啡的兑水量高达 50%! 这一瞬间我突然意识到我急需学习和正视兑水的手法和价值。

兑水手法之所以行之有效，因为它能兼容较厚的咖啡粉层和较细的咖啡粉研磨刻度。如果不是通过兑水，而是采取普遍的萃取方法，则“常规”研磨刻度搭配厚的咖啡粉层，通常会以过度萃取收尾，表现为非常高的可溶解率和极高的萃取强度。通过兑水的手法，较少的水会流经同样厚的咖啡粉层，避免过度萃取，同时使用较为合理的研磨刻度设定而不必走极端。

※ **基于研磨刻度和较大冲泡量如何设定合适的兑水百分比，可以参考这个算法：**

① 记录在之前萃取中等冲煮量时，咖啡风味最佳的各项参数，包括研磨刻度、水粉比例、冲煮量和冲煮强度。

② 定下一个较大份的且使用兑水手法的冲煮量。

③ 计算较大冲煮量比中等冲煮量多出多少。例如，1.4 加仑批次比 1 加仑批次大 40%。

④ 初步猜测，将兑水百分比设置为第 3 步计算出的增长百分比的一半。继续这个比例，1.4 加仑批次的冲煮量，40% 是其增长的冲煮量，其中 20% 可通过兑水完成。

⑤ 实践较大量的冲煮，品尝并同时测试总溶解固体（TDS）。如果总溶解固体太高（即冲泡强度太高），增加兑水量。如果冲泡强度太低，降低兑水量。

⑥ 继续冲煮较大量的咖啡，调整兑水比例的设置，直到达到理想的冲泡强度。

⑦ 当冲煮出理想的咖啡时，记录冲煮量、水粉比例、研磨刻度、兑水比例和冲泡强度。

⑧ 对于那些有很多空闲时间的咖啡迷来说，可以使用相同的研磨刻度，重复这个过程来记录几个批次和咖啡冲泡量的数据变化。x 轴为冲煮量，y 轴为兑水比例。在图表上标记出理想的冲煮结果，将各个成功的冲煮结果连成一条线，并将其标记为“研磨刻度 z”。使用此图表作为参考工具，以确定未来所需的任何大量冲煮的兑水比例。

⑨ 把图表裱起来，给你的妈妈送去一份。

如何设置兑水条件？

通过不断的实验，才能找出兑水比例与研磨刻度的最佳组合。决定最佳研磨刻度的方法之一，就是使用手边咖啡机在未兑水情况下，所冲泡出最佳风味的中份咖啡的研磨刻度。兑水比例则可根据理想风味中份咖啡冲泡量与想要尝试的大份咖啡冲泡量之间的比例来预估。因为研磨刻度与风味表达之间的关系相当紧密，不论是常规冲泡量或兑水的大份冲泡量，相同的研磨刻度都应该能做出一致的风味曲线与冲泡强度。

兑水比例的初步尝试，可以设定为，大份冲泡量比标准冲泡量增量的三分之一为兑水量。例如，如果标准冲煮量为 1 加仑，而新的大份的冲煮量为 1.5 加仑，则大份冲煮量比标准冲煮量增加了 50%。50% 的三分之一约是 17%，这应该非常接近理想的兑水比例。

计算出初始兑水比例后，以标准冲泡量的研磨刻度冲煮出一壶大分量的咖啡，品尝风味，计算总溶解固体。如果总溶解固体太低，则降低兑水比例；如果总溶解固体太高，则增加兑水比例。如果两种冲泡量的总溶解固体一致，那么尝起来就应该是理想的咖啡风味。

※ 于滤纸
Setting Up the Filter

滤纸在保存期间很容易吸收异味，甚至会将异味传给冲煮出来的咖啡。为了尽量降低滤纸对咖啡风味的潜在影响，在开始冲煮前，应该习惯用热水冲洗滤杯和滤纸。这样的预冲洗还可以去除滤杯和咖啡壶上的任何残余咖啡渣，同时达到预热滤杯和咖啡壶的作用。

冲洗时，在滤杯中放一张滤纸，并将滤杯卡进咖啡机。接着使热水流经滤杯，进入空的咖啡壶中。持续数秒后，将水流关闭。如果之后会继续使用同一个咖啡壶或者保温壶盛放冲煮出的咖啡，记得在结束冲煮后将水倒掉。

滤纸冲洗完毕后即可倒入咖啡粉，并来回摇动滤杯，直到咖啡粉层表面尽可能地平整。不要太用力地将滤杯手柄卡到咖啡机上，因为这样会导致咖啡粉层倾斜移动。

※ 以搅拌提高萃取的均匀性
Stirring to Improve Evenness of Extraction

使用顶端开放或者任何手冲的冲泡系统时，搅拌可以改善咖啡的萃取效果。

在理想情况下，当 5 % ~ 10% 的冲煮水倒入咖啡粉层时，就可以开始搅拌了。这种搅拌方式可以确保所有咖啡粉都被同时浸润，从而提高萃取的均匀性。

当最后一些冲泡水倒入咖啡粉层时，咖啡师应该再次搅拌。第二次搅拌主要目的是把滤杯壁上的咖啡渣推回咖啡粉层，防止咖啡渣挂在滤杯壁上变得“又干又高”。试想一下，滤杯底部的咖啡粉一直持续在被萃取，而高挂在滤杯壁上的咖啡粉则无法被充分萃取，那么整体的萃取就不均匀了。

我建议所有的搅拌动作都要轻柔，使咖啡粉床被搅动的幅度尽可能小。剧烈的搅动可能会导致细粉堵塞滤纸的孔洞。在其他条件相同的情况下，如果咖啡粉层被搅拌得越多，那么研磨刻度就需要越粗糙以最终实现同样的萃取效果。

※ 咖啡机的自动设置 Programmable Brewer Settings

有时候我很怀念那些只需要关心滴滤咖啡机冲泡温度和冲泡量设定的单纯旧时光。现在，咖啡机自动调控的设置选项变得更为精密，咖啡师需要精通和关注的细节也越来越多，比如说：预浸润比例、浸润静置时间、兑水比例、冲煮时间，当然还有温度和冲泡量。

以下是咖啡机设定的基本作业流程。但请不要太纠结于这些变量和参数。但请务必切记，咖啡的风味和口感是唯一重要的参考标准。

预浸润比例和预浸润静置

在萃取开始前，预浸润会加热整个咖啡粉层，这有助于提高萃取的均匀性，也能消除咖啡粉层的上层和下层在萃取率上的一些差异。据说预浸润有助于减少通道效应，但这对大多数滴滤咖啡机而言未必成立。

设定预浸润比例的方式，可以先通过试验找出最大预浸润量，也就是预浸润循环完成后的 30 秒内，滤杯都没有流出任何咖啡液体的状态之下，所能承受的最大预浸润量。找到最大预浸润量后，就可以直接启动新一轮的冲泡循环，并在预浸润完成后立即关闭咖啡机。等待 20 ~ 30 秒，缓慢而小心翼翼地取出滤杯，并静置在吧台上，用勺子一层一层地挖出咖啡粉层检查。咖啡粉层由上而下始终都是湿润的状态是最好的。如果下部的咖啡粉层是干燥的，则需要调高预浸润比例。如果有部分咖啡粉层出现湿润度不均匀或干燥等通道效应，也许预示着最好不要使用这台咖啡机的预浸润功能。

预浸润静置是必要的，这个过程是为了分开预浸润阶段和其余的冲泡步骤。如果使用的咖啡太新鲜，可以使用更长的静置时间来排出更多的二氧化碳，并减少湍流的出现。当使用特别长的静置时间时，可能需要将研磨刻度调整得更细，并将冲泡温度提高几度。

冲泡时间

冲泡时间指的是在一个冲煮的周期中用完所有水所需要的时间；它对咖啡风味的影响相对较小。冲泡的时间应该这样校准：在冲泡过程中，咖啡粉层的表层始终保持一个稳定的小水洼。很短或很长的冲泡时间都意味着需要改变研磨刻度设置。

兑水、冲泡量和水温

这些参数已在本章前半段讨论过了。

通用设置

根据我与一些高品质咖啡馆的经营者的讨论，以下是使用 1.5 加仑机器时可编程设置的通用范围。

滴滤咖啡参数设置

容积 Volume	半加仑 0.5 gallon (2L)	1 加仑 1 gallons (4L)	1.5 加仑 1.5 gallons (6L)
预浸润比例 Prewet Percentage	12% ~ 15%	12% ~ 15%	12% ~ 15%
预浸润延迟 Prewet Delay	0:40 — 0:50	0:50 — 1:00	1:00 — 1:10
冲煮时间 Brewing Time	4:00 — 4:30	3:15 — 3:45	3:15 — 3:45
兑水比例 Bypass Percentage	0%	0%	0%
水温 Temperature	200 ~ 203°F (93 ~ 95°C)	200 ~ 203°F (93 ~ 95°C)	200 ~ 203°F (93 ~ 95°C)

※ 测量咖啡的萃取量
Measuring Brewed Coffee Extraction

当调整研磨刻度和自动咖啡机参数设定时，用咖啡浓度分析仪测量咖啡强度是很有帮助的。(参见第 3 章“萃取的测量”)只要知道了冲泡强度、咖啡粉质量和冲泡咖啡液体质量，你就可以测算出冲泡咖啡的萃取率。

如前文所述，萃取率与咖啡风味密切相关。尽管具体的萃取率取决于个人喜好，我的建议是尽量达到 19% ~ 20% 的萃取率。你可以在我的另一本书《专业咖啡师手册 1：手冲、法压和虹吸咖啡的专业制作指导》（*Everything But Espresso*）中找到关于咖啡萃取测量的广泛讨论。

※ 如何保存煮好的咖啡
How to Hold Brewed Coffee

如果咖啡在冲煮后不会被立即饮用，则应放在密封的保温容器中，这样可以最大限度地减少热量和挥发性芳香的消散。温度保持在 175 ~ 185°F(79 ~ 85°C)，以最大限度地减少存放过程中酸味的发展。然而无论怎么努力保存，在冲煮后 15 ~ 20 分钟内，咖啡风味都会明显衰退。

※ 现冲滴滤咖啡
Brewing Drip Coffee to Order

近来，滴滤咖啡正在经历一场奇妙的变革：滴滤咖啡的制备一改常态，不再是大量冲煮，长时间存放。一些咖啡馆已经转向使用可频繁单次冲煮的 50 盎司法式滤压咖啡，另一些咖啡馆则选择使用 Clover™ 咖啡机现冲每一杯咖啡，还有一些咖啡馆使用一架一杯的滤壶，按订单制备。

看来，意式浓缩咖啡的流行并没有彻底击败滴滤咖啡，而是迫使滴滤咖啡不断改进，以赢回人们的注意力。

※ 咖啡滤纸的种类
Coffee Filter Types

滴漏冲泡中使用的过滤器的孔隙度和材料对咖啡的品质有重要影响。更多孔的过滤器使液体更快地流过咖啡粉层，需要更细的研磨来保持足够的接触时间。

滤器的孔隙度也会影响一杯咖啡中的不可溶物质的质量。不可溶物质会增加咖啡口感的醇厚度，但会削弱酸度，并搅乱风味。因此，滤器类型的选择关乎到咖啡醇厚度和风味清晰

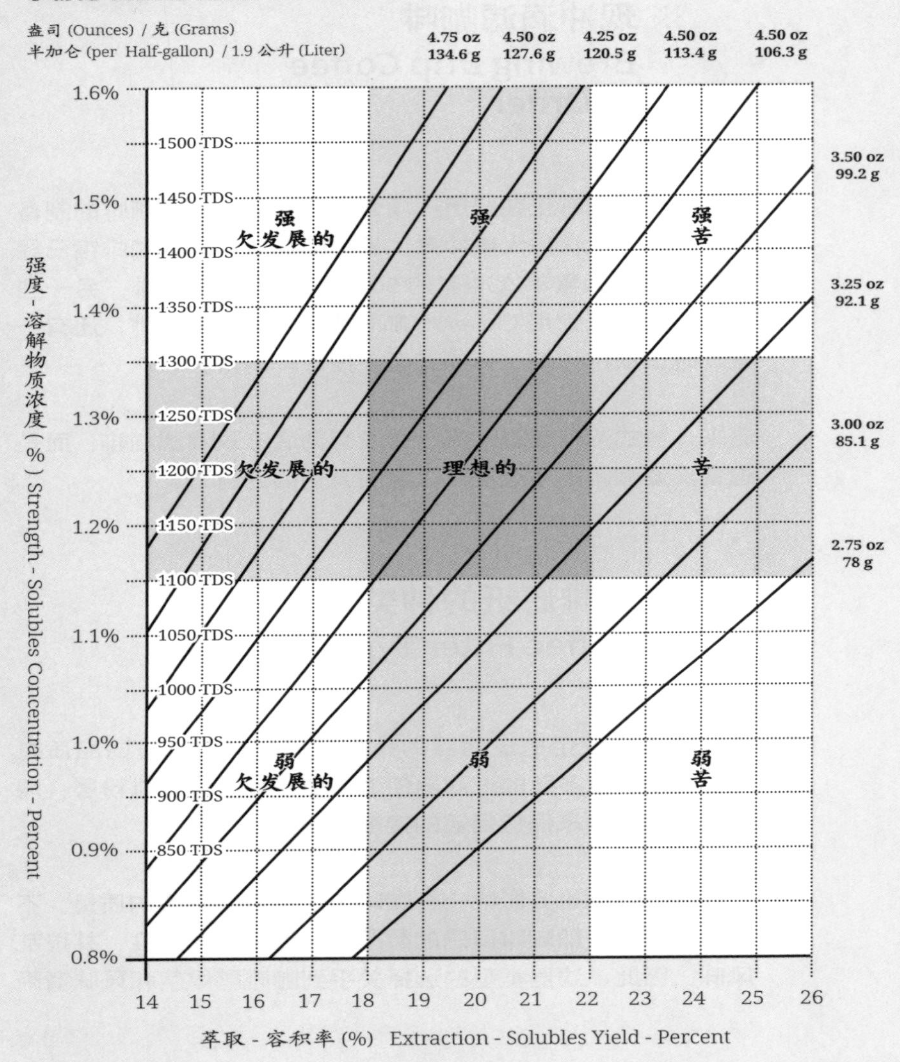

在冲泡强度、溶解率和水粉比之间有一个已知的关系；如果其中任意两个变量的值已知，则可以计算出第三个变量。咖啡冲泡中心在20世纪60年代发表的这张精巧的图表说明了这三者之间的关系。转载经美国精品咖啡协会许可，版权所有，翻印必究。

> ※ 令人遗憾和沮丧的是（至少对我来说），很多咖啡馆端上的“特色咖啡”已经放了45分钟以上。我有时在想，这种做法究竟是会让咖啡馆省钱，还是会导致顾客的流失。

咖啡冲煮控制总表 UNIVERSAL BREWING CONTROL CHART™

©2008—2011 VST.inc.

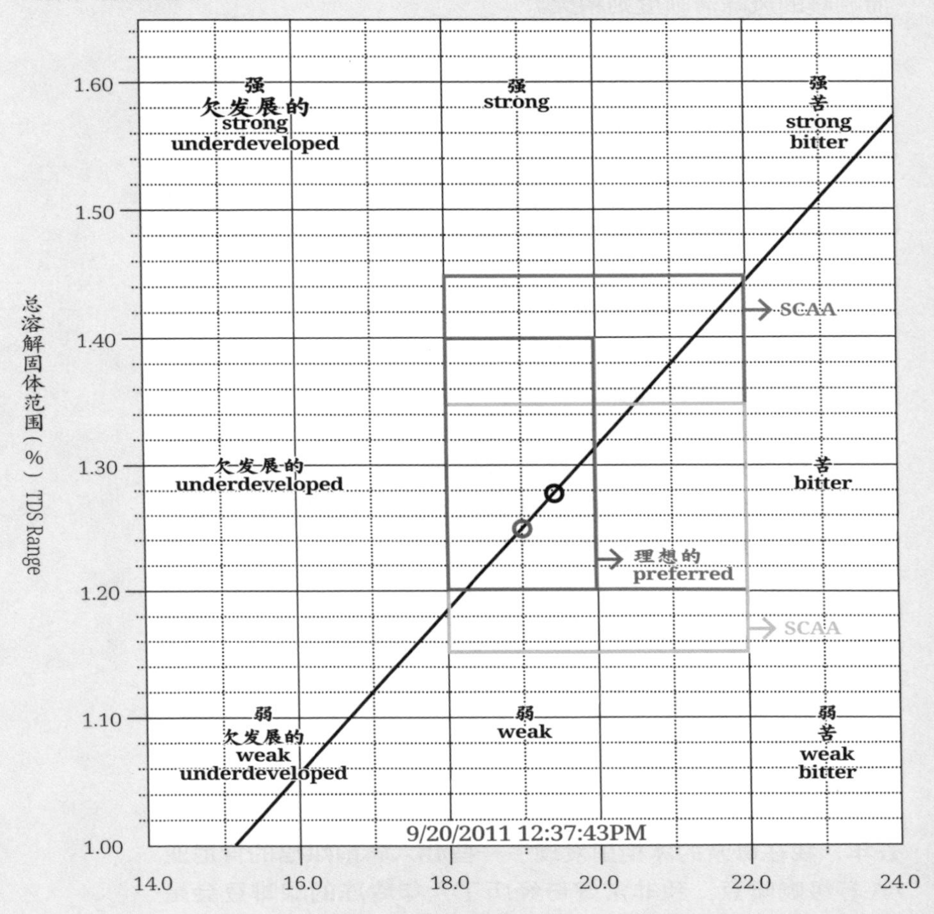

- 1.00 公升水 @200F, 56.61 克咖啡粉
- 设定 TDS 1.25%, 萃取率 19.0%
- 实际 TDS 1.28%, 萃取率 19.46%

这张图表由 Extract Mojo 的创建者文斯·费德勒（Vince Fedele）设计。文斯改进了咖啡冲泡中心的图表，修正了冲泡公式，以反映水密度随温度的变化，并将冲泡公式表示为水质量与咖啡质量之比。至此，任何计算单位都可以适用于这一份通用的冲煮控制表。

度的权衡；一个孔隙度较高的滤器能制作出更醇厚的咖啡，而咖啡的风味清晰度则稍欠。

各种材质和类型的滤器都有不同的孔隙率，总体上来说金属过滤器的孔隙率可能比滤布的孔隙率更高。然而，以下的概括通常是正确的：

- 用金属滤器冲煮出的咖啡具有很棒的醇厚度，但风味的清晰度欠佳。金属滤网每次使用后都必须彻底清洗，以防止咖啡油脂积聚。
- 用滤布冲煮出的咖啡具有不错的醇厚度和中等的风味清晰度。滤布可以冲煮出美味的咖啡，但很容易变形，也很容易吸收油脂和化学清洁剂。和金属滤网一样，滤布也需要彻底清洁，勤于清洁。
- 滤纸冲煮出的咖啡，醇厚度最低，风味清晰度最高。因为它们是一次性的，从长远来看，它们可能是最昂贵的选择，但好处是在维护方面投入的时间和精力是最低的。

※ 冷冻咖啡豆 Freezing Coffee Beans

去年，我在母亲的冰柜里发现了一些我六年前烘焙的肯尼亚 AA 等级咖啡豆。我非常好奇经历了六年冷冻的咖啡豆会是什么状态，于是迫不及待地冲煮了一壶，喝起来非常惊艳。虽不能下结论说这壶咖啡的风味比六年前刚烘焙好的时候更佳，但着实暗示着冷冻储豆法是可行的。自此之后，我竟开始热衷于冷冻的咖啡豆。

关于冷冻咖啡豆的危险，有许多误解。不要相信。

冷冻之所以能成为一种长期储存咖啡豆的方法，是因为冷冻能使氧化速度减缓到大约十五分之一，并且将咖啡油脂凝结，大幅减少了挥发性物质的散发。此外，熟豆内的少量水汽会与基质聚合物结合在一起，因此不会被冻结。[16]

为了正确地冷冻咖啡豆，要将咖啡豆储存在密封的容器中，只有在冲泡前才将咖啡豆从冷冻库中取出。为了从冷冻咖啡豆中萃取出最好的风味，尽可能将咖啡豆按照一次冲泡量分装，冷冻在小的、密封的容器中。在冲煮咖啡的前一天晚上，从冷库里取出，直到准备好要研磨咖啡豆，再打开密封容器。在咖啡豆接触室温空气之前，先将咖啡豆解冻至室温，这样可以防止水汽在咖啡豆表面凝结。注意，解冻后的咖啡豆，不可再次冷冻。

※07 法式滤压咖啡
FRENCH PRESS COFFEE

法式滤压咖啡的技术含量很低，纵然已经拥有超过 100 多年的历史，但是法式滤压咖啡却从未被改进。与滴滤和其他渗滤方法相比，法式滤压提供了更均匀统一的萃取方式。制作得当的法式滤压咖啡比滴滤咖啡更具醇厚口感，苦味、涩味和不加修饰的咖啡原生风味都会更轻。

法式滤压壶疏松的粗滤网使大量不可溶的豆粉和油脂流入杯中，这使得法式滤压咖啡拥有非常显著的醇厚度，而风味的清晰度则稍逊。如果你想要制备一杯既有法式滤压咖啡的均匀萃取，又有更清晰多元风味的咖啡，那就试试先用法式滤压壶制备咖啡，然后把咖啡倒入过滤器二次过滤后再开始享用。

此外，如果法式滤压咖啡在上桌前要被放置几分钟，最好将其倒入预热过的保温器中，倒入时最好使用过滤器，以防止不可溶的咖啡沉淀物一起进入容器。沉淀物会使咖啡在保存过程中产生更多的苦味。

※ 如何制备上乘法式滤压咖啡
How to Make Great French Press Coffee

① 备水。用水壶烧水，或使用专业的烧水壶来准备热水。在注入法式滤压壶之前，水的温度应该比期望的冲泡温度高出几度。

② 称重。如果你在家制作咖啡，没有称重的工具，可以用一个“咖啡勺”，或2个平勺的咖啡粉量，搭配4盎司水。

③ 预热。用一点热水预热滤压壶，在加入咖啡粉之前倒掉这些水。

④ 倒粉。把咖啡粉倒入滤压壶。

⑤ 去重。把滤压壶放在秤上，把秤调到盎司或克，然后去重*。请注意:1 盎司 200°F(93°C) 的水是 28.3 克。

⑥ 注水。一边称重一边倒水，直到到达期望的水重量时停止。

⑦ 如果你手边没有刻度器，可以用略微热一点的水，在倒之前用预热的量杯测量它的体积。

⑧ 设置一个定时器。适当的冲泡时间由咖啡粉的研磨刻度决定。较细研磨的咖啡粉冲泡时间较短，而较粗研磨的咖啡粉需要较长的冲泡时间。

⑨ 大约 15 ~ 20 秒后，搅动咖啡，打散膨发的咖啡表面的泡沫层。搅动有助于进一步湿润和浸没被困在泡沫中的咖啡粉。

⑩ 盖上滤压壶的盖子，压下滤网，直到刚好没入咖啡，确

* 不能通过目测水量来判断注水量。不同的咖啡被热水冲泡后会产生不同程度的膨胀。

保所有的咖啡粉都被浸没。

⑪ 当计时器响起时，打开过滤壶，立即出品。如果需要的话，可以在倒出咖啡的过程中用二级过滤器再滤一次。

法式滤压咖啡冲泡时间

第一次用法式滤压壶冲泡新咖啡时，我建议使用预设的冲泡时间和研磨刻度组合。我个人从 3 分半钟的冲泡时间以及其对应的咖啡粉研磨刻度开始尝试。

如果这种默认设定冲泡出的咖啡太过寡淡或偏酸，下次我就会尝试 4 分钟的冲泡时间和更粗的研磨刻度。另一方面，如果冲出的咖啡口味平淡无趣，我就把参数改为 3 分钟冲泡时间和更细的研磨刻度。当我对咖啡有了更多的经验后，我会做进一步的调整。

这些设置只是作为参考；你可能更喜欢用完全不同的研磨刻度和冲泡时间制作属于你自己的咖啡。

一旦开始注水，咖啡顶部就会形成一层膨发的泡沫层。

15 ～ 20 秒后，搅动咖啡，使所有咖啡粉都能浸没在水中。

在冲泡过程中，将筛网推入到液体表面以下，以保持所有的咖啡粉都浸入水中。

※08 水

WATER

※ 水的化学性
Water Chemistry

水化学在精品咖啡界没有得到应有的重视。每个人都听说过“咖啡的 98.75% 是水”，但很少有人意识到水的化学成分对其他 1.25% 的咖啡成分有多大的影响。碳过滤水本身的味道可能很好，但用它来萃取珍贵拍卖级肯尼亚咖啡豆，并不一定胜过一款肯尼亚中等级咖啡豆以优质水冲煮出来的口味。

基本原则

众所周知，冲煮水应该经过碳过滤，无异味。但这只是优质冲煮水的起点。为了使你冲泡的咖啡（或茶或意式浓缩）风味最佳，所用的水需要有中性的 pH，适当的硬度、碱度和总溶解固体 (TDS)。

以下关于水的化学术语与冲煮咖啡有关。

总溶解固体　(TDS) 分散在一定体积水中小于 2 微米的所有物质的组合含量。以毫克 / 升或百万分之一（ppm）计量。

硬度　主要衡量溶解的钙离子和镁离子，虽然其他矿物质的存在也会影响数值。以毫克 / 升或哩 / 加仑计量。

酸碱值　(pH) 由氢离子浓度得出的酸度的量度；7.0 是中性的酸碱值。
酸性　酸碱值低于 7.0 的溶液。
碱性　酸碱值大于 7.0 的溶液。
碱度　溶液缓冲酸的能力。以毫克 / 升计量。

用来描述水化学的术语和测量单位常常被设计得复杂而容易混淆。为了简化起见，我省略了许多可替代的测量单位，将以毫克 / 升的测量方式 (mg/L，或 ppm) 来测量总溶解固体、硬度和碱度。

Terminology 术语

碱度和碱性这两个词指的不是同一个东西。“碱性”指的是 pH 在 7.01 到 14 之间。“碱度”特指溶液缓冲酸的能力，或者不太严格地说，是溶液对酸的抵抗能力。

※　溶液的碱性可以很高，但碱度很低，反之亦然。打个比方，把碱性看作溶液在政治光谱中的位置。

碱性表示右翼，酸性表示左翼；碱性表示保守，酸性表示自由。（无意政治评论！）另一方面，碱度类似于对顽固和对变得更自由的抵抗。当然，一个人可以在光谱的任何一端（酸性或碱性），但因为坚持（高碱度）或可变（低碱度）从而走向光谱的一端，变得更自由。

硬度和碱度之间的关系也需要澄清。硬度来源于钙、镁和其他阳离子（带正电荷的离子）。碱度来源于碳酸盐、碳酸氢盐和其他阴离子（负电荷离子）。像碳酸钙这样的化合物既能提高硬度又能提高碱度，因为它既有钙（硬度）又有碳酸盐（碱度）。另一方面，碳酸氢钠有助于碱度而不是硬度。普通的软水器的工作原理是用钠代替水中的钙。这降低了硬度，但不影响碱度。

水垢是硬水受热时碳酸钙沉淀造成的。水垢的沉淀降低了水的硬度和碱度。长此以往，咖啡机会严重受损。短期内，结垢就会迅速堵塞小阀门和通道，热交换器和热交换器的限流器会变得特别脆弱。

意式浓缩咖啡机制造商通常会建议使用软水器来保护咖啡机。软水器可以保护你的咖啡机，但可能会毁了你的意式浓缩咖啡。（请参阅本章后面的“水处理”。）

※ 冲煮水标准
Brewing Water Standards

我推荐根据以下水标准来冲泡咖啡、茶和意式浓缩咖啡。

冲泡咖啡、茶和意式浓缩咖啡的水

总溶解固体	pH	硬度	碱度
120 ~ 130 ppm （mg/L）	7.0	70 ~ 80mg/L	50mg/L

大多数行业的建议用水标准比上面所列的硬度和总溶解固体数值更高；使用这些行业标准可以制作略胜一筹的咖啡，但我不推荐用它们来做意式浓缩咖啡，因为这会增加咖啡机结垢的风险。

理论上，硬度略大于 80mg/L 的水在典型的意式浓缩咖啡冲泡水温下不会产生水垢。事实上，机器的温度和水处理系统产生的硬度是波动的，我宁可谨慎行事。当使用喷嘴或热交换限流器时，更要特别注意，因为少量的咖啡机结垢会极大地改变这些微小部件的性能。

请注意：70mg/L 的硬度的水在典型的蒸汽锅炉温度下会产生水垢。既要保护锅炉又要有足够好的冲煮水，唯一的办法就是安装两条独立的供水线，分别供应不同硬度的水给意式浓缩咖啡机使用。

水化学如何影响咖啡风味

简单地说，冲泡水中溶解的“杂质”越少，水能从咖啡粉中溶解的“物质”就越多。如果总溶解固体含量过高，水就成了一种较弱的溶剂，不能从咖啡粉中萃取足够的可溶性物质。用非常高的总溶解固体的水冲泡的咖啡味道会很阴沉浑浊。非常低的总溶解固体水则会冲煮出强烈的、粗犷的风味和过分夸张明亮的咖啡。

硬水不会降低咖啡或意式浓缩咖啡的品质；即使注入咖啡机的水硬度很高，实际冲泡的水硬度却不会太高，因为在典型的冲泡温度下，许多增加硬度的物质会沉淀成水垢。不幸的是，水垢会破坏或改变咖啡机的性能。热交换器、限流器、流量计、阀门、加热元件，以及它接触到的几乎所有其他部件都会被影响。因此，硬水可以煮出很好的咖啡，但会损坏你的咖啡机。

碱性水或高碱度的水会导致咖啡风味变得浑浊、苍白、寡淡。高碱度的水可以中和咖啡中的酸，从而冲泡出酸度较低的咖啡风味。如果水的碱度太低，咖啡就会变得过于明亮和酸性高。酸性水会导致咖啡风味过于明亮、不平衡。酸性水和低碱度水也可能导致锅炉腐蚀。

※ 水处理
Water Treatment

过滤公司和水设备供应网站通常会提供测量水的化学性的工具。使用过滤水的每一家咖啡馆都应该对正在使用的水做测试，包括从水龙头流出的水和过滤后的水。检测可以通过购买的设备进行，也可以将水的样本送到水处理公司。请注意：从水龙头流出的水的化学成分会在全年里发生变化；理想情况下，所选择的处理系统应该是可调节的，以应对季节的变化。

水处理的几种方式

根据测试结果，你可能想尝试如下这些水处理的方式：

碳过滤。改善水的口感和气味，但对总溶解固体和硬度影响甚微。每家咖啡馆都应该在水处理的第一阶段使用碳过滤器和沉淀物过滤器。

反渗透。去除 90% 以上的总溶解固体、硬度和碱度。纯反渗透水对于意式浓缩咖啡、茶或咖啡冲泡来说太过纯净了。反渗透水应该与富含矿物质的碳过滤水混合使用，或者与矿化剂一起使用。反渗透系统相对昂贵，且会浪费大量的水，但它们的维护成本相对较低。具有很高总溶解固体或硬度的水应该进行预处理，否则在大量应用中会迅速堵塞反渗透膜。

离子交换树脂。包括脱碱剂、软化剂和去离子剂等多种类型。

- 脱碱剂：用氯化物或羟基取代碳酸和碳酸氢盐。这样可以在不改变硬度或矿物质含量的情况下降低碱度。
- 软化剂：用钠离子代替钙离子以降低硬度。软化剂通常用于保护意式浓缩咖啡机不产生水垢。完全软化的硬水不建议用于制作意式浓缩咖啡，因为它会抑制咖啡粉颗粒的润湿，导致意式浓缩咖啡的渗滤时间很长，需要更粗的咖啡粉研磨来增加流速。软化产生的碳酸氢钠也会导致咖啡粉颗粒结块，导致不稳定、不均匀的渗流。如果必须软化，软化后的水应与富含矿物质的碳过滤水混合或用矿化剂处理。不建议使用硬度小于 80mg/L 的软化水。

- 去离子剂和脱盐剂：使用阴离子树脂交换床和阳离子床串联生产纯的或接近纯的无离子水。和反渗透水一样，冲泡咖啡的去离子水也应该与富含矿物质的活性炭过滤水混合使用，或者与矿化剂一起使用。
- 矿化剂：向水中添加矿物质，以增加总溶解固体、碱度和硬度的组合。

如何选择水处理系统

在决定如何处理你的水之前，有必要进行测试。如果你足够幸运的话，咖啡馆里的水有合理的硬度、碱度和总溶解固体水平，只需要用沉淀物过滤器和碳过滤器处理。几乎每个处理系统的规划都应该从沉淀物过滤器和碳过滤开始。

如果你的水具有很高的总溶解固体，但硬度和碱度的比例合理，那么碳过滤水可以与反渗透水或去离子水混合。如果比例很合适，但硬度和碱度的含量太低，就使用矿化剂。

如果硬度和碱度的比例是非常不平衡的，你的水可能需要反渗透或去离子剂来剥离水中几乎所有的离子，然后再用矿化剂来重建水与所需的化学成分。

还有许多其他的场景和可能的解决方案。在选择一个系统之前，最好寻求专家的建议，他们了解平衡水的化学性的重要性，而且没有向你出售一个水处理系统的既得利益。

有趣的是，我发现泡茶、冲咖啡或萃取意式浓缩咖啡的最佳水化学成分几乎完全相同。此外，茶，尤其是更微妙的乌龙茶、白茶和绿茶，比咖啡对水的化学反应更敏感。由于茶中的溶解固体的含量远远低于咖啡，原本水中的固体对整体的贡献比例更大，对茶饮口感的影响自然也就更深。

※ 除垢 Descaling

如果你的咖啡机有喷嘴或热交换器限流器，每隔几个月检查这些组件的水垢情况尤为重要。如果发现任何水垢，也可以很容易地替换掉。这些孔口的结垢或故障是一个非常好的预警系统，应作为水硬度过高的潜在迹象加以注意。例如，一套冲煮头萃取时流速低，你就会发现这套组件中存在阻塞的情况。

如果你的机器有严重的结垢情况，那么它需要被拆开除垢。除垢简直是一场噩梦，需要刮掉部分水垢，然后用酸浸泡残余水垢。我建议你把体型较大的机器送到有经验的公司进行清洁处理，要么用它作为借口去买你一直心心念念的那台闪闪发光的新咖啡机器吧。

※09 茶
TEA

当越来越多的咖啡师对制作意式浓缩咖啡精益求精、日趋狂热时，他们中的大多数人对于制作优质茶饮还停留在暗黑时代。如果更多的咖啡馆能从对浓缩咖啡的重视中留一小部分关注给到茶饮栏，想必会是令人喜闻乐见的发展。在过去的 20 年里，咖啡师们已经学会了如何制作浓缩咖啡，他们需要尽自己的一份力量来教育他们的客户，并提供一些特别的冲调，否则茶饮栏永远是一个被浪费的机会。

※ 茶制作基础准则
Basic Tea-Making Guidelines

为了从优质的茶叶中获得理想的冲泡效果，有必要通过试验茶叶剂量、水温和冲泡时间来熟悉茶叶的潜力。对于连续的冲泡，变化这些参数也非常有必要。

这种方法可能对大多数咖啡馆并不实用，所以我将提供以下基本指南，这些指南将适用于绝大多数种类的茶。

茶叶量

对于所有的茶，至少使用 1 克茶叶搭配 3 盎司水。用容积来计算茶叶量是不可靠的（例如 1 杯茶用 1 茶匙茶叶）因为不同的茶叶会有不同的密度。幸运的是，通过重量来确定茶叶量能在很大程度上减少咖啡馆的浪费，因为大多数咖啡师倾向于使用大量的茶叶。为了节省出品的时间，我建议提前将茶叶分装在小的容器中。

冲泡时间

最佳浸泡时间由水温、茶叶量与水量的配比，以及茶叶大小决定。假设咖啡馆对所有的茶使用相同的茶叶量，并根据茶的类型标准化水温。茶叶的大小决定了冲泡时间，较小的茶叶有更大的比表面积，因此需要更少的冲泡时间。茶叶叶片越大，冲泡时间越长； 大的、紧卷的茶叶需要最多的时间冲泡。一般来说，茶应该冲泡直到有大量的涩味刚开始释出之前。建议冲泡时间为 30 秒到 4 分钟之间。

洗茶

有些类型的茶叶需要洗茶步骤。为冲洗茶叶，直接将茶叶放入壶中或使用粗网过滤器，这样任何小的茶叶颗粒都可以随着冲洗水一起被冲走。在壶里倒入温水，大约放置 10 秒钟，然后倒掉冲洗的水。金的滤器、细金属网过滤器和纸质茶包都会阻止小颗粒被冲走，要避免它们用于茶叶的洗茶步骤。

常规准备

茶叶应该冲泡在预热过的封闭容器中，并有足够的空间让茶叶充分舒展。我不建议使用茶球、茶包或小滤茶器，因为它们会使茶叶无法完全展开。由于处理方式，如果茶叶有很多灰尘或碎叶，应简单冲洗，以滤去小颗粒碎渣。

不同的茶叶所提供的优质冲泡次数各不相同，并受茶叶与水的比例的影响。更高的比例和更短的浸泡时间允许更多的优质冲泡。例如，当用中国传统的“功夫”泡茶方法时，比例可能高达 2 克茶叶 / 盎司水。在这样的比例下，第一次冲泡可能只需要 10 ～ 15 秒，而茶叶可能产出多达 8 ～ 10 次的优质冲泡。

※ 按茶类制备 Preparation by Tea Type

红茶

冲泡时间应该小心管理，因为过度萃取的红茶很快就会变得非常涩口。大多数红茶只能提供一到两次优质的冲泡，应该在 200 ～ 210°F(93 ～ 99°C) 的水温下冲泡。大吉岭红茶是一个例外，应该在 190 ～ 200°F(88 ～ 93°C) 的水温下冲泡。

乌龙茶

在第一次注水冲泡前，一定要对乌龙茶进行洗茶。乌龙茶可以冲泡三到六次。第一次冲泡往往过于清淡或粗糙，第二次冲泡往往是最平衡的，此后每一次连续冲泡都需要更长的冲泡时间来提取足够的味道和强度。较深色的乌龙茶（深烘，棕色的叶子）在 185 ～ 195°F(85 ～ 91°C) 的水温中冲泡，较浅的乌龙茶（浅烘，绿色的叶子）在 170 ～ 185°F(77 ～ 85°C) 的水温中冲泡。

绿茶

一些绿茶，特别是那些卷着叶子的或看起来有很多绒毛的绿茶，洗茶会有助于冲泡。多次试验是必需且有益的。由于绿茶种类繁多，加工方法多样，理想的冲泡温度可以在150 ~ 180°F(66 ~ 82°C) 的水温之间。大多数绿茶能够产出一到三次优质的冲泡。

白茶

精致、细腻风味的优质白茶很容易被过高温度的热水破坏。理想的冲泡温度是 160 ~ 170°F(71 ~ 77°C)，大多数白茶能产出两到四次优质的冲泡。白茶通常不需要洗茶步骤，除非茶叶有很多绒毛。

花草茶

想要冲泡出风味最佳的花草茶，需要冲泡 1 ~ 4 分钟。一些花草茶含有药效成分，为了冲泡出这些成分，需要在一个封闭的容器中冲泡至少 10 分钟。大多数花草茶可用煮沸或接近煮沸的水来冲泡。

其他茶

一些茶，如抹茶、普洱茶、霜茶（印度尼尔吉里斯出产的一种茶，有花香味）、马黛茶和各种陈年茶，需要独特的冲泡方法和水温。这些特殊情况超出了本书的范围，我建议咖啡师在准备它们之前进一步研究。

附录
APPENDIX

标准

这个列表可以作为基本参考。其中大部分来自当前的行业标准。茶的建议是我对常见但相互矛盾的国际惯例的解读。

冲泡咖啡、茶和意式浓缩咖啡的水 WATER FOR COFFEE, TEA, AND ESPRESSO

总溶解固体	pH	硬度	碱度
120 ~ 130 ppm (mg / L)	7.0	70 ~ 80 mg / L	50 mg / L

滴滤与法式滤压咖啡 DRIP AND FRENCH PRESS COFFEE

水粉比	温度	总溶解固体（仅适用于滴滤咖啡）
3.75 盎司咖啡粉：64 盎司水	195 ~ 203°F (91 ~ 95°C)	11,500 ~ 13,500 ppm

意式浓缩咖啡

水粉比	萃取压力	萃取时间	温度
6.5 ~ 20 克咖啡粉 ¾ ~ 1½ 盎司 (21 ~ 42 毫升) 水	8 ~ 9 巴	20 ~ 35 秒	185 ~ 204° F(85 ~ 96° C)

品种	温度	是否需要洗茶	优质冲泡次数
红茶	200 ~ 210°F (93 ~ 99°C)	不需要	1 ~ 2
深烘乌龙茶	185 ~ 195°F (85 ~ 91°C)	需要	3 ~ 6
浅烘乌龙茶	170 ~ 185°F (77 ~ 85°C)	需要	3 ~ 6
绿茶	150 ~ 180°F (66 ~ 82°C)	视情况而定	1 ~ 3
白茶	160 ~ 170°F (71 ~ 77°C)	视情况而定	2 ~ 4
花草茶	212 (100°C)	不需要	多次
所有茶类，茶叶和水的比例是 1 克茶叶搭配 3 盎司（85 毫升）水，冲泡时间 30 秒到 4 分钟不等。			

温度换算 Temperature Conversions

华氏度 fahrenheit	摄氏度 celsius
212	100
—	—
204	95.6
203	95.0
202	94.4
201	93.9
200	93.3
199	92.8
198	92.2
197	91.7
196	91.1
195	90.6
194	90.0
193	89.4
192	88.9
191	88.3
190	87.8
189	87.2
188	86.7
187	86.1
186	85.6
185	85.0
184	84.4
182	83.3
181	82.8

参考资料
REFERENCES

1 Petracco, M. and Liverani, S. (1993) Espresso coffee brewing dynamics: development of mathematical and computational models. *15th ASIC Colloquium*.

2 Fond, O. (1995) Effect of water and coffee acidity on extraction. Dynamics of coffee bed compaction in espresso type extraction. *16th ASIC Colloquium*.

3 Cappuccio, R. and Liverani, S. (1999) Computer simulation as a tool to model coffee brewing cellular automata for percolation processes. *18th ASIC Colloquium*.

4 Fasano, A. and Talamucci, F. (1999) A comprehensive mathematical model for a multi-species flow through ground coffee. *SIAM Journal of Mathematical Analysis*, 31 (2), 251–273.

5 Misici, L.; Palpacelli, S.; Piergallini, R. and Vitolo, R. (2005) Lattice Boltzmann model for coffee percolation. *Proceedings IMACS*.

6 Schulman, J. (Feb. 2007) Some aspects of espresso extraction.

7 Sivetz, M. and Desrosier, N.W. (1979) Coffee Technology. Avi Pub., Westport, Connecticut.

8 Cammenga, H.K.; Eggers, R.; Hinz, T.; Steer, A. and Waldmann, C. (1997) Extraction in coffee-processing and brewing. *17th ASIC Colloquium*.

9 Petracco, M. (2005) Selected chapters in Espresso *Coffee: the Science of Quality*. Edited by Illy, A. and Viani, R., Elsevier Applied Science, New York, NY.

10 Heiss, R.; Radtke, R. and Robinson, L. (1977) Packaging and marketing of roasted coffee. *8th ASIC Colloquium*.

11 Ephraim, D. (Nov. 2003) Coffee grinding and its impact on brewed coffee quality. *Tea and Coffee Trade Journal*.

12 Rivetti, D.; Navarini, L.; Cappuccio, R.; Abatangelo, A.; Petracco, M. and Suggi-Liverani, F. (2001) Effect of water composition and water treatment on espresso coffee percolation. *19th ASIC Colloquium*.

13 Petracco, M. (1991) Coffee grinding dynamics. *14th ASIC Colloquium*.

14 Anderson, B.; Shimoni, E.; Liardon, R. and Labuza, T. (2003) The diffusion kinetics of CO_2 in fresh roasted and ground coffee. *Journal of Food Engineering*. 59, 71–78.

15 Pittia, P.; Nicoli, M.C. and Sacchetti, G. (2007) Effect of moisture and water activity on textural properties of raw and roasted coffee beans. *Journal of Textural Studies*. 38 (1), 116– 134.

16 Mateus, M.L.; Rouvet, M.; Gumy, J.C. and Liardon, R. (2007) Interactions of water with roasted and ground coffee in the wetting process investigated by a combination of physi- cal determinations. *Journal of Agricultural and Food Chemistry*. 55 (8), 2979–2984.

17 Spiro, M. and Chong, Y.Y. (1997) The kinetics and mechanism of caffeine infusion from coffee: the temperature variation of the hindrance factor. *Journal of the Science of Food and Agriculture*. 74, 416–420.
18 Water treatment information was gathered from the following sources; any inaccura-cies are mine.
Personal communications with staff of Cirqua Inc.
19 Clarke, R.J. and Macrae, R. (1987) *Coffee. Volume 2: Technology*. Elsevier Applied Sci- ence, New York, NY.
20 Spiro, M.; Toumi, R. and Kandiah, M. (1989) The kinetics and mechanism of caffeine infusion from coffee: the hindrance factor in intra-bean diffusion. *Journal of the Science of Food and Agriculture*. 46 (3), 349–356.
21 Andueza, S.; Maeztu, L.; Pascual, L.; Ibanez, C.; de Pena, M.P. and Concepcion, C.(2003) Influence of extraction temperature on the final quality of espresso coffee. *Journal of the Science of Food and Agriculture*. 83, 240–248.
22 Pittia, P.; Nicoli, M.C. and Sacchetti, G. (2007) Effect of moisture and water activity on textural properties of raw and roasted coffee beans. *Journal of Texture Studies*. 38, 116–134.
23 Labuza, T.P.; Cardelli, C.; Anderson, B. and Shimoni, E. (2001) Physical chemistry of roasted and ground coffee: shelf life improvement for flexible packaging. *19th ASIC Col-loquium*.
24 Leake, L. (Nov. 2006) Water activity and food quality. *Food Technology*. 62–67.
25 Lingle, T. (1996) The *Coffee Brewing Handbook*. Specialty Coffee Association of America, Long Beach, CA.
26 Zanoni, B.; Pagharini, E. and Peri, C. (1992) Modelling the aqueous extraction of soluble substances from ground roasted coffee. *Journal of the Science of Food and Agriculture*. 58, 275–279.
27 Spiro, M. (1993) Modelling the aqueous extraction of soluble substances from ground roasted coffee. *Journal of the Science of Food and Agriculture*. 61, 371–373.
28 Smith, A. and Thomas, D. (2003) The infusion of coffee solubles into water: effect of particle size and temperature. *Department of Chemical Engineering*, Loughborough University, UK.
29 Illy, E. (June 2002) The complexity of coffee. *Scientific American*. 86–91.

专有名词
GLOSSARY

酸度	咖啡口感中的清晰度、强度、酸度或活力感。
碱性	pH 大于 7.0。
碱度	溶液中和酸的能力。
香气	一种可以被嗅觉系统检测到的特质。
双峰	两种最常出现的模式或数值。
醇厚度	在口中感受到的饮品的重量感或饱满度。
无底滤杯手柄	将底部去除的滤杯手柄，以观察萃取过程中滤杯底部的萃取情况。
冲煮胶质	悬浮在一杯咖啡中，直径小于 1 微米的物质，由油脂和细胞壁碎片组成。
冲煮强度	一杯意式浓缩咖啡（或者咖啡）中颗粒物（或可溶解物质）的浓度。
水粉比例	用于制作一杯咖啡的干燥咖啡粉和水的比例。
旁路阀（兑水阀）	在滴滤过程中，用来转移一定预设量的冲煮水绕开咖啡粉的侧管。
油沫咖啡 / 克雷马咖啡	一种超长萃取的意式浓缩咖啡。
通道	液体快速流穿咖啡粉层的路径。
致密层	在意式浓缩咖啡渗滤过程中，紧密层是一层固体物质，于咖啡粉层底部形成。
浓度梯度	咖啡固体与周围液体之间的浓度差。
接触时间	也可称为（停留时间），咖啡粉和冲煮水保持接触的时间。
咖啡油脂层	意式浓缩咖啡的那一层泡沫，主要由二氧化碳和水蒸气气泡组成。它们被包裹在由表面活性剂水溶液组成的液体薄膜中。还含有不可溶解的咖啡气体和固体、乳化油脂、悬浮的咖啡豆细胞壁碎片。
杯测	一种评估咖啡豆烘焙和研磨的标准化程序。
无感地带	调压器中启动点与不启动点之间的差值区间。
脱气 / 排气	烘焙后的熟豆释放的气体，尤指二氧化碳。
扩散	流体从高浓度区域向低浓度区域的移动。
乳化	意式浓缩咖啡中，不相溶的液体和油脂形成了悬浮的油脂小球。
意式浓缩咖啡的水粉比	干燥咖啡粉的量和制作出的浓缩咖啡的量之间的比例。
萃取	从咖啡粉中提取物质的过程。
细粉	研磨后产生的咖啡豆细胞壁碎片。
细粉迁移	冲煮液体渗透咖啡粉层时带动了细粉的移动。

手指注粉法　意式浓缩咖啡粉注粉之后的修整方法，用伸直的手指抹过滤杯表面。

风味　一种物质结合味道和香气的综合感觉。

喷嘴　在意式咖啡机冲煮头上限制水流的小孔。

饰粉　注粉之后，针对咖啡粉层平整度和完整度的整理。

硬度　一种计算溶解于水中的钙离子与镁离子数量的方式。

热交换器　意式浓缩咖啡机锅炉中的一种小型管道，冲煮水会在流经这个管道抵达冲煮头的过程中瞬间加热。

浸润　用水浸泡。

不可溶　无法溶解于水中。

长杯 / 长萃　一杯“长”的意式浓缩咖啡。用重量与水粉比来定义的话：一杯长杯咖啡的重量大约是用来制作这杯咖啡的咖啡粉重量的三倍。

口感　饮品在口中产生的触觉。

常规意式浓缩咖啡　一杯“标准”的意式浓缩咖啡。用重量与水粉比来定义的话，一杯标准意式浓缩咖啡的重量大约是用来制作这杯咖啡的咖啡粉重量的两倍。

过度萃取　当制作咖啡或茶时，从咖啡粉中提取出了超过理想所需量的物质。

渗滤　水从多孔的介质中通过。

酸碱值　一种计算溶液酸性或碱性程度的方式。

PID 控制器　比例积分导数控制器。安装在浓缩咖啡机内以提高冲煮水温度的稳定性。

预浸润　在全压力萃取意式浓缩咖啡前，先对咖啡粉进行简短的浸润。

压力曲线　表达一杯意式浓缩咖啡制作过程中，压力随着时间变化的图表。

调压器　安装于意式咖啡机内的一种装置，利用启动和关闭加热组件来实现咖啡机的压力始终维持在预设范围内。

预浸润静置　预湿润周期完成后，终止水从喷头流出。

预湿润　在滴滤咖啡的冲煮过程中，咖啡粉会先经过预湿润处理，然后静置，之后冲煮水将从咖啡机喷头流出到咖啡粉上。

专业品质　专为认真的消费者设计。

生产消费者　具有专业品质水平却为精通的消费者而设计。

咖啡浓度分析仪　又称折射计，可用来计算溶液的折射率。

短杯 / 短萃　一杯“短”的意式浓缩咖啡。用重量与水粉比来定义的话，一杯短萃意式浓缩咖啡的重量大约与用来制作这杯咖啡的咖啡粉重量相同。

水垢　水中沉淀出的碳酸钙。

固体量　在一杯意式浓缩咖啡萃取过程中，咖啡粉中被提取物质重量占整体咖啡粉重量的百分比。

可溶　可以溶解在水中。

溶解率　（萃取率）在滴滤咖啡的冲煮过程中，咖啡粉中被提取的物质重量占整体咖啡粉重量的百分比。

比热　在重量相同的情形之下，某物质与水分别上升温度 1 度所需要热量的比例。

特定表面积　单位体积或重量的表面积。

旋转　牛奶蒸煮后，倒入拉花缸的过程中，延缓牛奶在拉花缸中分离的一种技巧。

表面活性剂　在溶液中降低其表面张力的溶解物质。

味道　舌头接受到的复合物的风味。

温度曲线　表示一杯意式浓缩咖啡在萃取过程中，温度随着时间变化的图表。

降温放水　一种调节热交换意式浓缩咖啡机温度表现的操作技巧。

热虹吸循环体系　意式浓缩咖啡机内在热交换器与冲煮头之间，让水流循环流动的管道。

总溶解固体（TDS）　指分散在一定体积水中任何尺寸小于 2 微米的所有物质的总和；以毫克 / 升或百万分之一 (ppm) 计量。

湍流　在咖啡冲煮过程中，咖啡粉遇水释放出气体，使得咖啡粉、气体、热水相混合。

萃取不足　在制备咖啡或者茶时，咖啡粉内物质提取不足，低于咖啡出品的理想值。

挥发性芳香　使咖啡香气四溢的可溶解气体。

图书在版编目 (CIP) 数据

专业咖啡师手册 . 2, 意式浓缩、咖啡和茶的专业制作指导 / (美) 斯科特 · 拉奥 (Scott Rao) 著 ; 周唯译
. -- 重庆 : 重庆大学出版社 , 2023.9
(万花筒)
书名原文 : The Professional Barista's Handbook: An Expert's Guide to Preparing Espresso, Coffee, and Tea
ISBN 978-7-5689-4049-8

Ⅰ . ①专… Ⅱ . ①斯… ②周… Ⅲ . ①咖啡 – 配制 – 手册 Ⅳ . ① TS273-62

中国国家版本馆 CIP 数据核字 (2023) 第 126455 号

专业咖啡师手册 2：意式浓缩、咖啡和茶的专业制作指导
ZHUANYE KAFEISHI SHOUCE 2：YISHINONGSUO、KAFEI HE CHA DE ZHUANYE ZHIZUO ZHIDAO
[美] 斯科特 · 拉奥 著
周唯 译

策划编辑：张 维
责任编辑：李佳熙
责任校对：刘志刚
责任印制：张 策
书籍设计：臧立平 @typo_d

重庆大学出版社出版发行
出版人：陈晓阳
社址：（401331）重庆市沙坪坝区大学城西路 21 号
网址：http://www.cqup.com.cn
印刷：天津图文方嘉印刷有限公司

开本：787mm × 1092mm 1/16 印张：11.25 字数：135 千
2023 年 9 月第 1 版 2023 年 9 月第 1 次印刷

ISBN 978-7-5689-4049-8 定价：88.00 元